R

T 3942 p.

49003

ÉLÉMENS

DE

CHIMIE DOCIMASTIQUE,

ÉLÉMENS

DE

CHIMIE DOCIMASTIQUE,

A L'USAGE DES ORFÉVRES,

ESSAYEURS, ET AFFINEURS;

O u théorie chimique de toutes les Opérations ufitées dans l'Orfévrerie, l'art des Effais, & l'Affinage, pour conftater le titre de l'Or & de l'Argent, & purifier ces deux Métaux de l'alliage des autres Subftances Métalliques; avec un abrégé des principales propriétés qui caractérifent les Matières Métalliques en général; une explication des principaux termes de l'Art; & un précis fur l'Hiftoire Naturelle de toutes les Subftances qui font employées dans ces diverfes Opérations.

Par M. DE RIBAUCOURT, Maître en Pharmacie.

❦❦❦

A PARIS,

Chez B U I S S O N , Libraire, rue des Poitevins, Hôtel de Mefgrigny, N°. 13.

M. DCC. LXXXVI.
AVEC APPROBATION ET PERMISSION.

ÉLÉMENS

DE

CHIMIE DOCIMASTIQUE,

A L'USAGE DES ORFÉVRES,

ESSAYEURS, ET AFFINEURS;

Ou théorie chimique de toutes les Opérations ufitées dans l'Orfévrerie, l'art des Effais, & l'Affinage, pour conftater le titre de l'Or & de l'Argent, & purifier ces deux Métaux de l'alliage des autres Subftances Métalliques ; avec un abrégé des principales propriétés qui caractérifent les Matières Métalliques en général ; une explication des principaux termes de l'Art ; & un précis fur l'Hiftoire Naturelle de toutes les Subftances qui font employées dans ces diverfes Opérations.

Par M. DE RIBAUCOURT, Maître en Pharmacie.

A PARIS,

Chez B U I S S O N, Libraire, rue des Poitevins,
Hôtel de Mefgrigny, N°. 13.

M. DCC. LXXXVI.

AVEC APPROBATION ET PERMISSION.

A MONSEIGNEUR

DE CALONNE,

MINISTRE D'ÉTAT,

CONTROLEUR GÉNÉRAL DES FINANCES.

*M*ONSEIGNEUR,

Enhardi par la protection éclatante que vous accordez aux Arts & aux Sciences, j'ose vous dédier ce Traité élémentaire de Chimie Docimastique, dans lequel j'ai taché que les Orfévres, à qui je le destine, trouvassent la sim-

a iij

plicité de la théorie , unie à l'exactitude des procédés.

Présenter au Public un Ouvrage orné de votre Nom, c'est, MONSEIGNEUR, anticiper sur son succès : tous les Lecteurs croiront qu'un Livre qui a pu obtenir une recommandation aussi importante, doit être revêtu du sceau de l'utilité ; de même que les Provinces qui vous regrettent, n'ont vu, dans les actes de votre Administration, que des services rendus à l'Etat.

Je suis avec respect,

MONSEIGNEUR,

Votre très-humble
& très-obéissant
Serviteur,
P. DE RIBAUCOURT.

PRÉFACE.

LE Traité élémentaire de Chimie Docimaſtique que j'offre au Public, n'a pour objet, ainſi que l'annonce ſon titre, que l'inſtruction particulière des Artiſtes qui travaillent les matières d'or & d'argent, & ſpécialement des Orfévres; ce n'eſt, à proprement parler, qu'un manuel deſtiné à leur préſenter, dans le meilleur ordre poſſible, tout ce qui peut les guider dans la pratique des divers procédés qu'ils emploient, ſoit pour s'aſſurer du titre de ces métaux, ſoit pour les amener au degré de pureté requis par les ordonnances, ſoit enfin pour les ſéparer les uns des autres.

Si un traité de cette nature exige tous les détails qui peuvent contribuer à établir une théorie auſſi claire que ſûre; ſi j'ai dû ne rien négliger de tout ce qui étoit propre à guider l'artifte dans fes opérations, en lui faifant connoître tous les phénomènes chimiques qui s'y paffent; j'ai dû auffi, fans doute, écarter tout ce qui pouvoit avoir l'air de difcuffion, & ne me fervir que des termes les plus ufités, les plus généralement reçus.

Ainfi, fi je parle encore, dans cet Ouvrage, le langage de l'ancienne Chimie; fi l'on y trouve les mots de phlogiftique, d'affinité, &c. &c. je déclare que, fans décider ni prendre aucun parti entre les Chimiftes anciens & modernes, je n'ai cherché qu'à me faire entendre, & que j'ai cru que le moyen le plus fûr pour y parvenir, étoit de me fervir des expreffions les plus communes.

Enfin, j'ai atteint mon but, fi je fuis parvenu à me faire entendre, fi j'ai eu le bonheur de rendre fenfible aux artiftes, pour qui j'ai rédigé ce Manuel, tout ce que j'ai expofé fur

la théorie chimique des diverses Opérations qu'il renferme; si j'ai pu les
mettre à portée de les exécuter avec
connoissance; & par suite, leur faire
éviter les fautes que le défaut de
théorie leur fait commettre à leur
grand préjudice.

TABLE

DES CHAPITRES.

Fin de la table des chapitres.

INTRODUCTION.

CONDAMNÉ au travail, contraint à déchirer le sein de la terre pour en tirer sa subsistance, l'homme a dû s'occuper d'abord de la recherche des moyens propres à soulager ses travaux. Le Laboureur, le premier artiste du monde, n'eut d'autre secours qu'une branche d'arbre; un éclat de bois fut sans doute le premier soc.

Bientôt il sut donner au bois les diverses formes propres à perfectionner l'Art utile auquel il s'appliquoit; il parvint à le façonner en pelle, en herse, en soc, &c.

Les bois les plus durs, cédant à la force & à la continuité de ses travaux, sans doute il imagina de les durcir par le feu.

Les pierres aiguisées furent ses premiers outils tranchans.

Quelque perfection que l'homme soit parvenu à donner à ce genre d'instrumens, ils ne secondoient cependant que foiblement encore son industrie; & ce ne fut que par la découverte des métaux, du fer sur-tout,

A

qu'il se vit en possession de véritables outils propres à remplir toutes ses vues. La découverte du fer est donc, ou doit être regardée comme la plus précieuse que l'homme ait pu faire alors ; c'est donc à elle que nous devons rapporter l'origine des Arts, dont ce métal est en quelque sorte le père.

Origine des Arts.

Les besoins de la société naissante étant très-bornés, le nombre des Arts, & par suite, celui des matières propres à les exercer, des métaux sur-tout, ont dû l'être en proportion ; aussi voyons-nous que l'Écriture, en nous transmettant l'époque de la découverte du fer, n'associe ce métal qu'au cuivre. Tubal-caïn, dit Moïse, fut le premier homme qui trouva l'art de forger le fer & l'airain. Ce passage nous apprend tout à la fois, & que cette découverte est de la plus haute antiquité, & que ces deux métaux furent les premiers découverts.

Découverte du fer & du cuivre.

Origine de la métallurgie.

Il ne m'est pas possible de fixer ainsi l'époque de la découverte de l'or & de l'argent, & celle de leur emploi : tout ce que Moïse & les Historiens profanes nous ont conservé à leur égard, est postérieur au déluge, bien postérieur par conséquent à la découverte du fer & à celle du cuivre. Tout ce qu'on peut conjecturer, c'est que si les premiers

Découverte de l'or & de l'argent.

hommes ont connu ces métaux, fans doute
ils ne les ont confidérés que comme des objets
de pure curiofité. Le métal qui leur procu-
roit un foc, une bêche, une hache, devoit
être d'un bien plus grand prix à leurs yeux,
que ceux qui, trop mous pour être employés
à ces ufages, n'avoient pour eux qu'un éclat,
une couleur, peu faits pour s'attirer les re-
gards de gens fimples, fans luxe, & qui ne
connoiffoient d'autres befoins que ceux de la
nature.

Et en effet, dans l'enfance de la fociété,
la culture de la terre fuffifoit aux befoins de
l'homme. Heureux temps, où l'amour du
travail & la pareffe diftinguoient feuls les
hommes; où l'homme laborieux pouvoit fe
fuffire; où il n'étoit pas obligé de défendre,
contre l'ufurpation de fon voifin, le champ
qu'il avoit fécondé en l'arrofant de fa fueur;
de tenir d'une main la charrue, & de l'autre
un fabre; où, content du fimple néceffaire,
il ne connoiffoit pas même le fuperflu; où
enfin, libre du joug tyrannique du luxe, de
la mode, il dédaignoit ces mêmes métaux,
qui, devenus des fignes généraux de repré-
fentation, font devenus en même temps
l'objet prefque unique de fes défirs ! Heu-

reux au moins encore s'il ne les acquéroit
jamais que par son travail !

Le nombre des hommes croissant sans
cesse, les familles se divisèrent : on établit
des propriétés. Alors chacun, jaloux de conserver ce qui lui étoit échu en partage, ne
se croyant plus d'ailleurs obligé de faire
part à personne de la dépouille d'un champ
qu'il venoit de cultiver seul & sans aide ;
on vit s'introduire l'usage de ne recéder une
denrée qu'on possédoit en trop grande quantité, que pour s'en procurer une autre dont
on manquoit : on vit naître le commerce
d'échange, le premier commerce.

Origine du commerce. Bientôt les hommes se multiplièrent au
point que la contrée qu'ils habitoient ne
fut plus en état de suffire à leur nourriture,
ils furent contraints de se disperser & de
se partager la terre. Ce fut alors que le commerce d'échange, devenant de plus en plus
difficile, impraticable même dans certains
cas, par la difficulté de transporter au loin
des matières dont le volume embarrassoit
souvent autant que leur pesanteur, plus encore peut-être très-fréquemment par le défaut
de marchandises convenables à ceux avec
qui on souhaitoit faire échange ; il fallut
chercher quelque objet qui pût convenir à

tous les hommes, repréſenter ſous un petit volume toutes ſortes de denrées & marchandiſes, & par-là rendre facile toute eſpèce d'acquiſition, quelles que puiſſent être & la nature de l'objet & la diſtance des lieux. Sans doute c'eſt à cette époque qu'il faut fixer l'introduction de l'or & de l'argent dans le commerce, comme ſignes de repréſentation générale; ſans doute c'eſt à cette époque que remonte l'origine, ou plutôt le germe des monnoies.

J'ai dit le germe des monnoies, car il ne faut pas croire que ce fut ſous cette forme qu'on employa d'abord l'or & l'argent dans le commerce : non, certainement. La première manière de s'en ſervir dans les échanges, fut ſans doute d'en donner un poids relatif à la valeur des marchandiſes qu'on achetoit, comme cela ſe pratique encore de nos jours dans pluſieurs grandes foires de l'Aſie. Il ſe paſſa bien du temps avant qu'on leur donnât une forme, un poids, & un titre conſtans; beaucoup plus encore avant qu'on les décorât de l'effigie du Souverain.

L'uſage de l'or & de l'argent ne fut pas plutôt introduit dans le commerce; on n'eut pas plutôt ſenti l'avantage de ces métaux, comme ſignes de repréſentation; on n'eut pas

Origine des monnoies.

plutôt reconnu la supériorité que leur donnent, en ce genre, leur indestructibilité, la facilité de les réduire en masses d'un poids constant, la propriété dont ils jouissent de conserver les formes qu'on leur a fait prendre, qu'il fallut chercher à s'en procurer de quoi suffire aux besoins de la société. On fut donc contraint de s'appliquer à la recherche de leurs mines, aux moyens de les reconnoître & de les exploiter.

Origine de la Minéralogie.

L'or ne présenta à cet égard d'autres difficultés que celles de l'exploitation. Toujours sous son brillant métallique, & sans être combiné avec aucune substance minéralisante, il n'a été question que de le séparer des sables, pierres, & autres matières hétérogènes avec lesquelles il étoit mêlé; la simple inspection a suffi pour le faire reconnoître.

Mais il n'en est pas de même de l'argent; si la nature nous le présente quelquefois avec son éclat, sa couleur, & toutes ses propriétés métalliques; la quantité qu'elle nous en offre ainsi est bien éloignée de nous suffire. Que dis-je? elle est si petite, qu'elle suffit à peine pour satisfaire la curiosité & orner les cabinets des Naturalistes. La connoissance des mines d'argent ne put donc être que le fruit d'un grand nombre d'observations : sans doute

le hafard eut beaucoup de part à leur découverte; mais les Métallurgiftes, déjà verfés dans
l'art de traiter les mines de fer & de cuivre,
ne durent pas être embarraffés à exploiter
celles d'argent.

Parmi les mines qu'on exploitoit, quelques-unes ne fourniffant pas fuffifamment pour
indemnifer des frais d'exploitation, tandis
que d'autres étoient très-riches, on eut recours à diverfes expériences pour reconnoître la quantité qu'elles pouvoient donner
de ce précieux métal. Ces expériences donnèrent naiffance à un Art que nous connoiffons fous le nom de Docimafie, ou l'art
d'effayer, par des opérations, la nature & la
quantité de métal que contiennent les mines,
ainfi que celles des autres matières qui lui
font alliées.

Origine de la Docimafie.

On ne put employer long-temps l'or &
l'argent, fans s'appercevoir que ces métaux
n'étoient pas toujours dans un degré égal de
pureté; qu'ils étoient fouvent alliés à d'autres
fubftances métalliques; l'Art docimaftique
s'appliqua alors à les purifier; on y parvint
par diverfes opérations, telles que la purification de l'argent par le nitre, celle de l'or
par la cémentation, par le foufre, par l'antimoine, par la coupellation.

Enfin, on s'apperçut qu'après les avoir purifiés de l'alliage de toutes les autres substances métalliques, ils étoient encore le plus souvent alliés entre eux; on imagina de les séparer par l'opération du départ.

L'éclat de l'or & de l'argent, la beauté, l'inaltérabilité de leur poli se joignant à la rareté de ces métaux pour leur donner du prix, on les employa à la décoration des Temples, on en fabriqua des vases pour aider à la pompe des Sacrifices, des figures pour représenter les Dieux; les Rois en ornèrent leurs palais, en relevèrent la richesse de leurs habillemens. Ces métaux devinrent ou la matière ou l'ornement de leurs couronnes, de leurs sceptres, de leurs trônes même; les riches en couvrirent leurs tables & leurs habits; les femmes s'en parèrent.

Origine de l'Orfévrerie.   L'art de travailler l'or & l'argent, de leur faire prendre toutes les formes propres aux divers usages auxquels on les destine, l'Orfévrerie enfin, est un de ceux dont l'origine se perd dans la nuit des temps. Le veau d'or que les Israélites fabriquèrent dans le désert, la grande quantité de plaques, de vases d'or & d'argent, dont Salomon décora son Temple, prouvent que cet Art a été exercé dans l'antiquité la plus reculée.

Le haut prix de l'or & de l'argent n'en permettant la jouiſſance qu'aux Souverains & aux gens exceſſivement riches, les particuliers dont la fortune étoit bornée, n'en envioient pas moins l'uſage; l'induſtrie humaine trouva, dans les Arts du Tireur & du Batteur d'or & d'argent, dans ceux du Doreur & de l'Argenteur, les moyens de ſatisfaire en partie à leurs déſirs, en leur donnant l'apparence de ces métaux. L'argent fut recouvert d'une légère couche d'or; le cuivre & tous les métaux, le bois, le marbre, reçurent une légère couverte d'or ou d'argent, capable d'en impoſer aux yeux les plus exercés.

Origine de la Dorure.

Enfin, dès qu'on eut reconnu que l'or & l'argent réſiſtoient à toutes les cauſes qui détruiſent toutes les autres ſubſtances métalliques, la majeure partie même des corps de la nature, telles que l'action combinée de l'air & de l'eau, & celle du feu; que les diſſolvans qui les attaquent ne ſe trouvent jamais dans la nature, ſont toujours le produit de l'art; qu'ils ne ſe chargent pas même de la moindre rouille, bien entendu lorſqu'ils ſont purs : on imagina de s'en ſervir pour tranſmettre à la poſtérité les effigies des grands Hommes, les événemens les plus glorieux, ceux qui méritent de faire époque dans l'Hiftoire des Nations ; on en frappa des médailles.

Si le commun des hommes, frappé de l'éclat extérieur de l'or & de l'argent, s'occupa tout entier des moyens de les acquérir, les Philofophes, de leur côté, ne purent être indifférens fur la nature de deux métaux qui poffédoient des propriétés internes fi fupérieures à celles de tous les autres corps de la nature. Il ne leur fuffifoit pas de connoître les procédés qu'on employoit pour les fondre, pour les travailler ; ils voulurent encore fouiller, pour ainfi dire, jufques dans l'intérieur de leur compofition ; ils recherchèrent les caufes qui les mettoient fi fort au-deffus de toutes les matières connues ; & comme les autres fubftances métalliques font ceux de tous les compofés naturels qui ont avec ces métaux le plus de propriétés communes, ce furent auffi ceux qui leur fervirent à faire des expériences comparatives. Ainfi, les traitant comme les métaux communs, ils parvinrent à les diffoudre, à les précipiter de leurs diffolvans par divers moyens, à les allier, à les amalgamer : mais quelle fut leur furprife, lorfqu'ils découvrirent que, loin de fe calciner, de fe décompofer comme les métaux imparfaits, ils réfiftoient à l'action du

feu le plus violent & le plus long-temps
continué, fans y éprouver la moindre altération?

C'eft fans doute à ces recherches que la *Origine de*
Chimie doit fon origine, comme c'eft à cette *la Chimie.*
fcience qu'eft due celle de la Docimafie,
& de toutes les autres parties de l'Art métal-
lurgique.

Parmi les Chimiftes, les plus fages fe con-
tentèrent d'obferver les propriétés de l'or &
de l'argent; ils bornèrent leurs recherches à
la découverte des procédés propres à obtenir
ces métaux dans leur plus grand degré de
pureté, ou à en étendre l'ufage dans les
Arts: ne les confidérant que comme fubftances
métalliques, faifant plus de cas de leurs propriétés chimiques que de leur prix, s'ils
cherchèrent à les connoître à fond, s'ils
effayèrent à les décompofer & à les recom-
pofer; ce ne fut, ainfi qu'ils l'avoient fait
à l'égard des autres métaux, que dans la
vue de reculer les bornes de la fcience,
d'acquérir de nouvelles connoiffances fur
leur nature; l'efpoir d'un gain immenfe n'entra
pour rien dans les vues qui les encoura-
geoient au travail: auffi loin de faire des fe-
crets de leurs découvertes, ils s'empreffoient
à les publier,

Origine de
l'Alchimie.

D'autres, emportés par le feu d'une imagination ardente, & séduits par l'espoir d'une fortune sans bornes, crurent qu'ils pourroient à leur gré, soit faire de l'or & de l'argent, soit changer, transmuer toutes les substances métalliques en ces deux métaux. Ils ne s'en tinrent pas là; enthousiasmés des qualités de l'or, ils se persuadèrent qu'une substance si parfaite devoit avoir des propriétés uniques; ils l'introduisirent dans la Médecine : on vit paroître des élixirs, des teintures, des gouttes d'or, des or potable enfin presque sans nombre, auxquels on attribuoit de grandes vertus, & que l'expérience a démontré n'en avoir d'autres que celles des menstrues par lesquels l'or étoit tenu en dissolution.

Je ne parlerai point de la poudre de projection, de la Pierre Philosophale, & de toutes les autres merveilles, objets éternels des recherches de cette secte, à qui la haute idée qu'elle avoit de sa science a fait prendre le nom d'Alchimistes ou Chimistes par excellence. Je ne déciderai pas si la production artificielle de l'or & de l'argent est ou n'est pas une chimère; ce n'est pas ici le lieu d'agiter cette question : je me bornerai à dire qu'en supposant cette production possible, les difficultés insurmontables qu'ont éprouvées tous ceux qui fe font ruinés à fa recherche, font bien fuffifantes pour dégoûter les hommes prudens de fe livrer à ce genre de travail.

Si les Alchimiftes n'ont point retiré de leurs opérations le fruit qu'ils s'en étoient promis, nous ne pouvons méconnoître qu'ils n'ayent rendu à la Chimie les fervices les plus importans; c'eft à eux que nous devons la plupart des procédés de la Chimie docimaftique : & de combien d'autres procédés importans ne nous auroient-ils pas enrichis, fi, femblables aux vrais Chimiftes, ils avoient publié leurs découvertes, au lieu de les cacher fous l'emblême d'un langage inintelligible!

Né d'un père Orfévre, très-verfé dans la pratique de fon Art, j'ai vu exécuter, dès ma plus tendre enfance, les procédés de l'affinage, du départ, de la coupellation, & toutes les opérations de l'Orféverie. Malgré fes connoiffances & fa grande habitude, je l'ai vu quelquefois obligé d'en recommencer quelques-unes, & notamment l'affinage & le départ, fans pouvoir fe rendre raifon des caufes qui les lui avoit fait manquer. Le départ fur-tout étoit l'opération qui lui manquoit le plus fouvent. Tantôt fon or fe diffolvoit en tout ou en partie; d'autres fois, l'eau, forte ne mordoit point, la diffolution de l'argent ne fe faifoit pas, ou prefque pas.

Mon père fentoit bien que cela tenoit à la qualité de l'eau-forte, mais il ignoroit quelle étoit la caufe de ces variations; il n'avoit même aucun moyen de s'affurer de la qualité de ce menftrue : il étoit réduit à effayer l'emploi d'une autre eau-forte, prife ailleurs que la première; & fi elle lui réuffiffoit, il achevoit fon départ : mais je l'ai vu tenter inutilement jufqu'à trois fois l'expérience. Tous ceux qui fe font trouvés dans ce cas, en connoiffent le défagrément & la dépenfe. De tous les Orfévres que j'ai connus, aucun n'en favoit plus que lui à ce fujet; je les ai tous vus parfaitement réuffir quand ils avoient de bonne eau-forte, & manquer leur opé- ration quand ils tomboient à en avoir de mauvaife, fans pouvoir fe rendre raifon de ce phénomène, fans avoir aucun moyen de connoître, foit par des fignes extérieurs, foit par des expériences d'effai, la qualité de l'eau-forte qu'ils achetoient.

Il en eft de même, comme je l'ai dit, de l'affinage ou purification de l'argent par le nitre; le déchet n'eft jamais conftant, il eft rarement relatif à fon alliage, & cela faute de bien connoître ce qui fe paffe dans cette

opération, de bien choisir fes matières, &
de gouverner le feu comme il faut.

L'étain a la propriété d'enlever à l'or &
à l'argent leur malléabilité ; la moindre quantité de ce métal, fa vapeur feule, fuffifent
pour produire cet effet, pour les rendre aigres
& caffans ; & cependant il n'eft pas rare que
les Orfévres aient de l'or ou de l'argent ainfi
alliés d'étain, ne fût-ce qu'à raifon des bijoux qu'on foude dans certains cas avec ce
métal, & qu'on fond enfuite pêle - mêle avec
d'autres maffes d'or ou d'argent.

Les moyens que les Orfévres employent
pour adoucir l'or & l'argent dans ces cas,
en détruifant l'étain, confiftent à les fondre
plufieurs fois, en y projetant du nitre ou
du borax ; quelquefois même, lorfqu'après
plufieurs tentatives le nitre ne leur a pas
réuffi, ils y projettent du fublimé corrofif :
mais ces deux moyens, dont le fecond eft
très-dangereux, comme je le démontrerai par
un exemple dont j'ai été témoin, font encore
fouvent infuffifans.

Je n'avois jamais vu faire ces différentes
opérations fans intérêt, & dès que je com-
mençai à raifonner, je défirai en connoître
la théorie : j'interrogeois fouvent mon père ;
mais parfaitement au fait de la pratique,

comme je l'ai dit, il ne pouvoit me rendre raifon des caufes des différens phénomènes qu'elles préfentent. Dès que je commencai à entendre la lecture des Chimiftes, ce voile commenca auffi à fe déchirer; les expériences que j'eus occafion enfuite de faire dans le laboratoire de M. Baumé, les leçons de Rouëlle, achevèrent de m'inftruire fur cette matière, à l'étude de laquelle je me livrai avec d'autant plus d'ardeur, que je défirois depuis long-temps la connoître.

De retour dans ma Patrie, je fuivis les opérations de mon père, avec les connoiffances que je venois d'acquérir; & depuis ce temps, je puis dire que mon père, qui fentit les avantages de la théorie que je lui avois démontrée, & qui ne tarda pas à en être pleinement pénétré, ne manqua plus aucune de fes opérations, & m'avoua que les lumières qu'il avoit acquifes lui formoient une économie confidérable.

Je fentis dès ce moment de quelle importance feroit, pour les Orfévres, un Ouvrage qui traiteroit de tous les procédés chimiques qu'ils exécutent tous les jours, & j'en conçus le plan : mais outre que mes occupations ne me permettoient point de me livrer à ce travail, je defirai répéter moi-même, feul,

à

à ma manière, & plusieurs fois, toutes ces
opérations; ce que j'ai fait dans les leçons pu-
bliques de Chimie que j'ai données pendant
six ans dans mon laboratoire, sous l'autorité
du Gouvernement.

Telle est la somme des raisons qui m'ont
déterminé à donner ce Traité au Public; la
majeure partie de ce qu'il renferme est connue
de tous les Chimistes; aussi, n'ayant presque
rien de neuf à dire, je me serois contenté
de publier mes observations dans un simple
Mémoire, si je n'avois qu'eux en vue : mais
quel est l'Orfévre qui va puiser quelques
connoissances éparses dans un Traité complet de Chimie? N'est-il pas bien plus à
propos de les lui présenter rassemblées exprès
pour lui? Je suis même très-porté à croire
que ce seroit rendre un service essentiel à
tous les Arts qui dépendent de la Chimie,
que de leur extraire ainsi tous les procédés
qu'ils exécutent, accompagnés d'une théorie
précise & lumineuse.

Ce Traité n'est donc, à proprement parler,
qu'un extrait des meilleurs Auteurs chimiques; je l'ai puisé principalement dans le
Dictionnaire de Macquer, dans les Œuvres
de M. Bayen, de MM. Sage & Beaumé, de

B

MM. Tillet & d'Arcet; dans ceux enfin de Morveau.

Lorſque ce que j'extrayois d'un Auteur rempliſſoit mes vues, que je ne trouvois rien à y ajouter ni à en retrancher, après avoir conſulté les autres & d'après mon expérience, j'ai copié tout entier ſon paſſage: c'eſt un plagiat, à mon avis, que de défigurer le ſtyle d'un Auteur, quand on n'a rien de mieux à dire que lui.

Je diviſerai ce Traité en ſept chapitres.

Dans le premier, je donnerai l'explication de quelques termes dont l'intelligence eſt néceſſaire pour bien entendre la théorie chimique des opérations dont je me propoſe de rendre compte.

J'aurois déſiré pouvoir ſupprimer ce chapitre, c'eſt-à-dire, ne me ſervir que de termes communs: mais chaque ſcience a ſa langue; la Chimie ſur-tout a des mots que l'uſage a conſacrés, & dont on ne pourroit ſe paſſer, qu'en y ſubſtituant des circonlocutions qui, en alongeant les phraſes, les rendent traînantes, ſouvent obſcures, ou faſtidieuſes. Quelques termes en outre, tels que celui d'affinité, par exemple, expriment des propriétés de la matière, qu'il eſt eſſentiel de

connoître, vu qu'elles font la caufe de prefque toutes les combinaifons chimiques : au
refte, j'apporterai la plus grande attention à
n'employer les termes de l'art que lorfqu'ils
n'auront pas d'équivalent parmi ceux qui font
en ufage dans le langage commun.

Le fecond chapitre traitera de l'hiftoire
naturelle de toutes les matières qui font employées dans les diverfes opérations de purification, d'affinage des fubftances falines
qui aident à la fufion des acides, qui font
les diffolvans de l'or & de l'argent.

Je m'appliquerai principalement, dans ce
chapitre, à tout ce qui a rapport au choix
qu'on doit faire de ces matières; j'indiquerai
quels font les fignes extérieurs, quelles font
les expériences d'effai par lefquelles on peut
s'affurer du degré de leur pureté.

La théorie générale des fourneaux, & fon
application à ceux qui fervent aux opérations de l'Orfévrerie, formeront le fujet du
chapitre fuivant; j'y traiterai auffi des creufets, coupelles, & généralement de tous les
vaiffeaux & inftrumens qui fervent aux opérations chimiques de l'Orfévrerie.

J'expliquerai dans le quatrième chapitre,
quelles font les propriétés générales qui ca-

ractérisent les substances métalliques, & en combien de classes on divise ces matières; quelles sont les règles de leurs alliages.

Le cinquième chapitre contiendra spécialement l'exposition des propriétés chimiques de l'or, la théorie de ceux de ces alliages qui sont d'usage dans l'Art de l'Orfévrerie, celle des moyens qu'on employe pour le purifier.

Dans le sixième chapitre, je suivrai, à l'égard de l'argent, la même marche que j'aurai tenue dans le précédent à l'égard de l'or.

Comme la coupellation & le départ sont communs à l'or & à l'argent, j'ai cru qu'il convenoit de n'en traiter que dans ce chapitre, afin d'éviter d'une part les redites, & de l'autre, de parler par anticipation.

La lavure sera l'objet du septième & dernier chapitre.

Je terminerai enfin ce Traité par un résumé général de ce que j'aurai exposé dans tout son cours. Ce tableau, qui sera celui des connoissances humaines en cette partie, formera en même temps la conclusion de mon ouvrage.

ÉLÉMENS

DE

CHIMIE DOCIMASTIQUE.

CHAPITRE PREMIER.

Explication des termes.

Acide.

Les acides tirent leur nom de leur saveur aigre.

Les principales propriétés qui caractèrisent les acides, sont;

1°. D'avoir une saveur aigre, telle que celle du citron, de l'oseille, lorsqu'on les applique sur la langue, étendus d'une certaine quantité d'eau; d'exciter sur cet organe une sensation d'autant plus aigre & brûlante, qu'ils sont concentrés.

B iij

2°. De rougir les couleurs bleues des végétaux.

Si l'on verfe quelques gouttes d'un acide
quelconque fur une infufion de tournefol, de
fleurs de violettes, fur le firop violat, &c.;
leur couleur bleue paffe au rouge à l'inftant.

3°. De faire effervéfcence avec les alkali,
terres abforbantes *, de les diffoudre, & de
former avec eux de nouvelles combinaifons
que nous connoiffons fous le nom de fels
neutres.

*Voyez ces mots.

4°. D'être fpécifiquement plus pefans que
l'eau.

Telles font les propriétés qui caractérifent
les acides en général, qui fervent à les diftinguer de toutes les autres fubftances falines, à
les faire reconnoître : mais tous les acides ne
jouiffent pas de ces propriétés au même degré;
il y a une diftance immenfe à cet égard entre
l'acide du citron, & les acides marin, nitreux,
& vitriolique : quelques acides, d'ailleurs,
diffolvent certaines fubftances que d'autres
n'attaquent pas ; c'eft ce que nous aurons occafion de faire remarquer en traitant de chacun d'eux en particulier dans le fecond
chapitre.

Affinité.

L'affinité ou rapport est la tendance qu'ont les parties des corps les unes vers les autres.

Nous disons qu'il y a affinité ou rapport d'affinité, quand les parties d'un corps s'unissent à celles d'un autre corps, de manière à former un seul & même tout ; il y a affinité entre l'eau & le sel, puisqu'ils s'unissent très-bien ; il n'y a pas d'affinité entre l'eau & l'huile, puisqu'elles ne s'unissent pas ; il y a plus d'affinité entre l'eau-forte & le cuivre, qu'entre l'eau-forte & l'argent, puisque, lorsqu'on met une lame de cuivre dans une dissolution d'argent, l'eau-forte abandonne ce dernier métal, pour s'unir au premier.

Alkali.

Cette classe de substances salines tire son nom du mot *Kali*, qui signifie *soude*, parce que les plantes de cette famille en fournissent beaucoup.

Les propriétés qui caractérisent les alkali en général, sont ;

1°. Une saveur âcre & brûlante qui a quelque chose d'urineux, d'où on les a nommés sels urineux.

B iv

2°. De changer en vert les couleurs bleues des végétaux.

3°. De faire effervescence lorsqu'on les combine avec les acides.

4°. De se vitrifier par l'action du feu, & d'aider à la vitrification de plusieurs substances, & notamment de plusieurs terres qu'on ne sauroit faire entrer en fusion sans leur secours, au moins au feu des fourneaux ordinaires.

5°. Ils décomposent tous les sels à base terreuse & métallique, c'est-à-dire, tous les sels qui résultent des dissolutions des terres ou des métaux par les acides. C'est ainsi que, si l'on verse une liqueur alkaline dans une dissolution d'or, l'alkali s'unit aux acides qui tenoient l'or dissout, & ce métal se précipite ; d'où nous concluons que l'alkali ajouté a plus d'affinité avec les acides qui tenoient l'or en dissolution, que ces derniers n'en ont avec ce métal.

6°. Ils peuvent être réduits sous la forme sèche & pulvérulente, par l'évaporation de toute l'eau qui les tenoit en solution ; si dans cet état on les expose à l'air, ils en attirent puissamment l'humidité, & se résolvent en liqueur, ce que les Chimistes appellent tomber.

en *deliquium*. Cette propriété des alkali oblige
à les tenir dans des vafes bien fermés, fi on
veut les conferver fecs.

7°. L'alkali bien pur n'a ni couleur ni
odeur.

La méthode ordinaire de retirer l'alkali
des fubftances végétales, telles que les plantes,
les bois, le tartre, & les autres matières de
ce genre qui le contiennent, confifte à les
faire brûler librement & en plein air, à laiffer
enfuite confumer entièrement leur charbon
ou braife, & à les réduire en cendres ; après
quoi on leffive ces cendres avec de l'eau
très-pure, jufqu'à ce que cette eau forte infi-
pide ; on la filtre ; on fait évaporer cette leffive jufqu'à ficcité : ce qui refte au fond du
vafe eft l'alkali.

De quelque matière végétale qu'on ait
extrait cet alkali, s'il a été bien préparé
& exactement purifié, il fera toujours le même.

On connoît trois efpèces de fubftances falines qui portent le nom d'akali, mais qui
font diftinguées entre elles par des épithètes
tirées, ou de leur origine, ou de quelques-
uns de leurs caractères fpécifiques.

La première efpèce, connue fous le nom   Alkali vé-
d'alkali végétal, eft ainfi nommée parce   gétal.

qu'elle est le produit de l'incinération de tous
les végétaux, & qu'elle appartient uniquement à cet ordre de substances.

Le nom d'alkali minéral a été donné à la seconde espèce, quoiqu'on le retire abondamment de la soude & de plusieurs autres plantes qui croissent sur les bords de la mer, à cause du sel marin, qui est mis au rang des sels minéraux, dont cet alkali forme la base ; d'où on l'a appelé aussi alkali marin, alkali du sel marin : il se nomme aussi sel de soude.

De ces deux alkali, le premier, l'alkali végétal, possède toutes les propriétés des substances alkalines ; le second, l'alkali minéral, diffère de l'autre, en ce qu'il cristallise ; qu'il n'a pas besoin d'être évaporé jusqu'à siccité pour prendre une consistance solide ; qu'il n'attire point l'humidité de l'air ; qu'il perd au contraire de l'eau de sa cristallisation, & se dessèche ; ce que nous appelons tomber en efflorescence. Il en diffère encore par ses affinités, & par plusieurs autres propriétés dont je ne crois pas devoir rendre compte, vu que ce sel n'est d'aucun usage dans l'Orfévrerie.

Alkali minéral.

Alkali fixe. J'ai dit que l'alkali soutenoit l'action du

feu au point de se vitrifier & de vitrifier
avec lui quelques substances terreuses; c'est
à cette propriété, qui est commune à l'alkali
végétal & à l'alkali minéral, que ces deux
sels doivent l'épithète de fixe, pour les distinguer de la troisième espèce, qui, cédant
à l'action du feu & se dissipant même en
entier, a été nommée alkali volatil.

L'alkali volatil jouit des propriétés prin- Alkali vo-
cipales des substances alkalines; mais il dif- latil.
fère des deux précédentes par sa volatilité,
qui est telle, que si on l'expose au feu, à un
dégré de chaleur bien inférieur à celui de
l'eau bouillante, il se volatilise, il se dissipe
en entier : que dis-je? la chaleur de l'atmosphère est souvent suffisante pour le vo-
latiliser; on en a la preuve dans le sel d'Angleterre, dans l'alkali volatil fluor, l'eau de
Luce, qui perdent leur piquant lorsqu'on
néglige de tenir exactement bouchés les fla-
cons qui les contiennent, lors même qu'on
les a débouchés un grand nombre de fois,
quelque attention qu'on ait apportée à les re-
boucher promptement.

L'alkali volatil diffère encore des alkali
fixes, par son odeur qui est très-forte, très-
pénétrante, & si piquante, qu'on ne peut

la fupporter un inftant; elle eft capable de faire perdre connoiffance & de fuffoquer; elle excite la toux, & tire beaucoup de larmes des yeux. Cet alkali eft bien connu fous le nom d'alkali fluor, de fel d'Angleterre: l'alkali volatil eft encore la bafe de l'eau de Luce, & la caufe de fon piquant; ainfi, il eft bien peu de perfonnes qui n'en connoiffe l'odeur.

L'alkali volatil eft le produit de la diftillation de toutes les fubftances vraiment animalifées; il eft auffi celui de toute efpèce de putréfaction: c'eft ce fel qui fait le piquant de l'odeur qu'on fent dans les latrines aux changemens de temps.

L'alkali volatil ne fert directement à aucune des opérations de l'Orfévrerie, mais il eft la bafe du fel ammoniac, dont le mélange avec l'eau-forte eft l'eau régale, la plus connue des Orfévres; ce qui m'a déterminé à en parler avec un peu d'étendue.

A la rigueur, il y a autant de fels alkali qu'il y a de plantes, de bois, de fubftances végétales dans la nature; mais comme l'alkali bien préparé eft toujours le même, quelle que foit la matière dont on l'a extrait, on ne connoît dans le commerce que trois efpèces de fel ; favoir , le fel de tartre , la cendre gravelée , & la potaffe , dont nous traiterons dans le chapitre fuivant.

Les fels alkali diffolvent les huiles & graiffes, & les rendent mifcibles à l'eau : cette propriété eft la bafe de l'art de fabriquer les favons ; c'eft par elle auffi que ces mêmes fels & les favons qui en font compofés , font fi propres à dégraiffer , à nettoyer la furface des ouvrages d'or & d'argent qui ont été ternis par quelques matières graffes.

J'ai fait réflexion que parmi les propriétés générales qui caractérifent les acides & les alkali , il en eft quelques-unes qui ont une fi grandes reffemblance entre elles , qu'il feroit à propos de les rapprocher , afin qu'en les comparant je puiffe mieux faire fentir ce qui les diftingue : ainfi , par exemple , lorfque , pour caractérifer leur faveur , je dis que les acides ont une faveur aigre & brûlante , & que celle des alkali eft âcre & brûlante ; cette diftinction , qui fans doute fuffit aux gens inftruits , ne me paroît pas affez étendue pour donner à des gens que je dois fuppofer ignorer abfolument la matière , une idée claire de la faveur de ces deux fubftances falines, pour les leur faire diftinguer avec certitude , pour

Caractères diftinctifs des acides & des alkali.

les empêcher de les confondre en aucun cas.
D'après ces réflexions , j'ai cru qu'il feroit à
propos de m'expliquer de la manière fuivante.

Caractères des acides.　　1°. L'aigre qui caractérife la faveur acide ,
diffère de l'âcre de la faveur alkaline , en ce
que l'effet du premier eft d'agacer les dents ,
de les hacher , pour me fervir de l'expreffion
vulgaire , ainfi qu'on le fent en mettant dans
la bouche du fort vinaigre , du fuc de citron ,
de l'ofeille ; l'effet du fecond eft de les faire paroître liffes , douces , lorfqu'on les frotte avec
la langue.

2°. Si l'on touche le bout de la langue avec
l'acide nitreux étendu d'un peu d'eau , il y
excite d'abord une fenfation de fraîcheur qui
eft bientôt fuivie d'un picotement très-aigu ,
& enfin d'une chaleur brûlante , & qui fe
fait fentir long-temps : les acides marin &
vitriolique produifent les mêmes fenfations ,
à la feule différence de la fraîcheur qui eft
beaucoup moindre , à peine fenfible même
dans l'expérience faite par l'acide marin.

Si on fait la même expérience avec une
liqueur alkaline , on ne fentira ni fraîcheur ,
ni picotement ; la chaleur fera fubite & extrême ; la fenfation fera profonde , grave ,
mais de courte durée.

3°. Les acides ainsi appliqués sur la langue n'ont aucun mauvais goût ; tous même, étendus d'une quantité d'eau suffisante, ou sont agréables, ou au moins n'ont rien d'absolument désagréable. Tout le monde connoît le goût de l'acide du citron, de celui du vinaigre ; l'acide vitriolique étendu d'eau forme une espèce de limonade assez gracieuse.

Les alkali concentrés ou étendus d'eau développent toujours un goût urineux très-fétide ; tout le monde peut s'en convaincre en goûtant un peu de lessive, ou tenant dans la bouche une pincée de bonnes cendres de bois de foyer.

Caractères des alkali.

Au moyen de cette explication des caractères par lesquels ces substances salines, quoique très-différentes, paroissent cependant se rapprocher ; je pense qu'il n'est plus possible de les confondre : rien ne me paroît même si facile que de distinguer l'impression que fait l'une de ces substances sur la langue, d'avec celle que l'autre y occasionne.

Amalgame.

On entend en Chimie par le mot amalgame, l'alliage du mercure ou vif-argent avec les autres substances métalliques.

Je traiterai de l'amalgame au quatrième chapitre.

Bafe.

Lorfque nous diffolvons un corps par un autre, nous donnons au corps diffolvant le nom de menftrue, & le corps diffout prend celui de bafe.

Ainfi, l'eau-forte, par exemple, eft le menftrue de la diffolution d'argent, & ce métal en eft la bafe.

Brillant métallique.

Le brillant métallique eft un éclat particulier aux fubftances métalliques, qui fait même un des caractères par lefquels on les diftingue des corps non métalliques.

Cet éclat leur vient de la manière dont ils réfléchiffent la lumière, à caufe de leur opacité qui eft plus grande que celle d'aucun autre corps.

Cément.

On donne en général le nom de cément à toutes les poudres ou pâtes dont on environne des corps dans des pots ou creufets, & qui ont la propriété, lorfqu'elles font aidées

de

de l'action du feu, de caufer certaines alté-
rations à ces mêmes corps.

C'eft de là que font venues auffi les expref-
ffions cémenter, & cémentation, qui défignent
l'opération par laquelle on expofe un corps à
l'action du cément.

Le feul dont je parlerai eft le cément royal,
dont on fe fert pour féparer l'argent d'avec
l'or dans l'opération du départ concentré. Ce
cément porte le nom de cément royal, à
caufe de l'or qui eft regardé comme le roi
des métaux.

Chaux métallique.

On nomme chaux métallique les terres des
métaux dépouillées de leur phlogiftique. On
les prive de ce principe par plufieurs moyens.

1°. En les en dégageant par la calcination
ou combuftion à l'air libre.

2°. Par l'action des acides.

3°. Par le nitre avec lequel on fait détoner
les fubftances métalliques.

Les métaux ainfi calcinés ont perdu leur
fufibilité, opacité, ductilité, pefanteur fpécifique, & toutes leurs propriétés métalliques;
leurs chaux font d'autant moins folubles par
les acides, qu'elles ont été plus calcinées,

C

qu'elles font privées d'une plus grande quantité de leur phlogiftique : elles ne peuvent plus s'unir aux métaux par la fufion.

Concentration.

C'eſt le rapprochement des parties propres & intégrantes d'un corps par la fouſtraction d'une fubſtance qui étoit interpofée entre elles, & qui eſt étrangère ou furabondante au corps concentré. Ainſi, par exemple, la folution d'un fel dans l'eau fe concentre lorſqu'on enlève une partie de l'eau de cette folution ; l'ufage a particulièrement affecté le nom de concentration à la déphlegmation des acides.

Condenfation.

La condenfation eſt aux corps folides ce que la concentration eſt aux liquides ; ainſi, lorſqu'un corps contient beaucoup de matière fous un petit volume, il eſt concentré, s'il s'agit d'un liquide ; il eſt denſe, compacte, condenſé, fi c'eſt un corps folide.

Criftallifation.

La criftallifation eſt une opération par laquelle les parties intégrantes d'un corps, féparées les unes des autres par l'interpofition.

d'un fluide, font déterminées à fe rejoindre & à former des maffes folides d'une forme régulière & conftante.

C'eft ainfi que les fels qui ont été diffous dans l'eau, en paffant de l'état de fluidité à l'état folide, prennent une figure régulière & conftante.

C'eft ainfi que l'or & l'argent fondus prennent, en refroidiffant, des formes régulières & conftantes.

Décanter.

C'eft l'action de tirer une liqueur de deffus un dépôt ou un marc, en la verfant doucement & par inclination.

Décrépitation.

Certains corps, lorfqu'on les chauffe brufquement, font fufceptibles de fe dilater en pétillant avec bruit; c'eft ainfi que le fel marin, jeté fur des charbons ardens, pétille & faute avec violence.

Cet effet eft dû le plus fouvent à ce que l'eau enfermée entre les parties du corps qui décrépite, étant réduite promptement en vapeurs par la chaleur fubite qui lui eft appliquée, les écarte & les fait fauter avec effort

& avec bruit ; & il eſt d'autant plus confidérable , que les parties de ce corps ont entre
elles une plus forte adhérence , & qu'on leur
applique plus fubitement la chaleur.

Déphlegmation.

Déphlegmer un corps, c'eſt lui enlever l'eau
furabondante qui le tenoit dans un état de
dilution qui, en s'oppoſant au rapprochement
de fes parties , diminuoit leur action; c'eſt le
concentrer, faire qu'il contienne plus de matière
fous un petit volume.

Quoique ce terme paroiſſe fynonyme à celui
de concentration , & que la déphlegmation
& la concentration s'opèrent par les mêmes
procédés , ils ont cependant, en Chimie, des
acceptations différentes : c'eſt ainſi qu'on dit
déphlemer l'efprit de vin & concentrer un
acide.

Détonation.

Lorſqu'un corps combuſtible s'enflamme
fubitement & brûle avec beaucoup de viva-
cité, de rapidité, d'éclat, & de bruit, on dit qu'il
détone.

On a un exemple de la détonation dans la
combuſtion du nitre ou falpêtre qu'on projette
fur des charbons ardens , fur un métal en

fuſion, ou ſur tout corps embraſé ; & dans celle de la poudre à canon.

Diſſolution.

La diſſolution eſt une opération par le moyen de laquelle un corps paſſe de l'état de ſolide à celui de fluide, par l'union qu'il contracte avec quelque autre corps capable de produire en lui cette altération ; & comme il réſulte toujours de cette union un nouveau compoſé, on voit par-là que la *diſſolution* n'eſt autre choſe que l'acte même de la combinaiſon.

On nomme *diſſolvant*, celui des deux corps qui, par ſa fluidité ou par ſon âcreté, paroît actif ; on nomme *diſſout*, celui auquel ſa ſolidité & ſon défaut de ſaveur donnent l'apparence d'un corps purement paſſif.

Diſſolvant

Ainſi, par exemple, lorſqu'on fait diſſoudre de l'argent dans l'eau-forte, l'argent eſt le *corps diſſout*, l'eau-forte le *diſſolvant*, & le nouveau liquide compoſé prend le nom de *diſſolution* d'argent.

Les règles de la diſſolution qu'il m'importe de faire connoître, pour l'intelligence de la théorie chimique de celles dont j'ai à traiter, ſe bornent aux ſuivantes.

Règles de la diſſolution.

C iij

La division des corps à dissoudre est la première règle de cette opération ; elle la facilite à raison de ce que les corps ainsi divisés, présentant plus de surfaces à l'action du dissolvant, sont attaqués par plus de points à la fois. Cette opération mécanique est si nécessaire, que sans elle plusieurs corps, qui se dissolvent très-bien avec son secours, seroient à peine attaqués. On a donc raison de réduire en lames ou en grenailles, l'or & l'argent qu'on veut dissoudre ; c'est une opération préliminaire indispensable.

La chaleur aide beaucoup à l'action des dissolvans ; il est donc essentiel d'y exposer les dissolutions : mais cette chaleur doit être modérée, & relative au degré d'activité des acides.

Lorsqu'un acide a dissout tout ce qu'il est en état de dissoudre du corps qu'on a soumis à son action, il cesse d'agir sur lui : on reconnoît ce point, que l'on nomme saturation, à divers signes certains que j'aurai soin d'indiquer en leur lieu.

La plupart des dissolutions, celles d'or & d'argent, par exemple, sont accompagnées d'un phénomène qu'on connoît sous le nom d'effervescence ; ce phénomène sert beaucoup à les gouverner, mais il n'eſt pas ſuffiſant pour indiquer le point de ſaturation des acides, comme je le dirai à l'article du départ par l'eau-forte.

Si le métal qu'on ſe propoſe de diſſoudre eſt allié à un autre métal, il faut alors que ces métaux ſoient dans une proportion convenable : car ſi, par exemple, dans une maſſe compoſée d'or & d'argent il y avoit trop d'or, ce dernier métal recouvriroit l'argent, & le garantiroit de l'action de l'eau-forte ; en ſorte que le départ ne ſe feroit point, ou ſe feroit très-mal, ainſi que je le dirai en traitant de l'opération du départ, où je donnerai les moyens de procéder en ce cas.

Enfin, l'acte de la diſſolution eſt ſouvent accompagné de chaleur. Ce phénomène, qui naît de la colluſion continue qu'excite la réaction du diſſolvant ſur toute la ſurface du corps à diſſoudre, eſt plus ou moins conſidérable, relativement à la nature de ces corps & à leur maſſe.

Docimaſie.

La Docimaſie eſt l'art d'eſſayer, par des opérations, la nature & la quantité des matières métalliques qu'on peut retirer des miné-

raux : ainſi, l'eſſai, le départ, ſont des opérations docimaſtiques.

Ductilité.

Ductilité ou malléabilité ſe dit de celles
des ſubſtances métalliques qui ſe laiſſent
étendre par l'action du marteau.

C'eſt cette propriété qui diſtingue les métaux proprement dits, des demi-métaux.

Les métaux diffèrent entre eux par leur
degré de ductilité : l'or & l'argent ſont les
plus ductiles.

Eau ſeconde.

L'eau ſeconde n'eſt autre choſe que de
l'eau-forte affoiblie par une grande quantité
d'eau.

Les Orfévres appellent eau ſeconde, la liqueur qu'ils décantent de deſſus l'argent précipité par le cuivre dans l'opération du
départ. Cette liqueur eſt bien à la vérité de
l'eau-forte étendue d'eau, mais elle eſt bien
différente de l'eau ſeconde pure ; le cuivre
qu'elle contient en change beaucoup les propriétés.

Les Maréchaux employent beaucoup l'eau
ſeconde des Orfévres, comme cathérétique;

la chaux de cuivre, qu'elle tient en diffolution, n'eft probablement pas dangereufe dans
ce cas ; elle aide peut-être même à l'action
de l'eau-forte : mais les Orfévres ne fau-
roient néanmoins être trop circonfpects dans
la vente de cette liqueur.

Efprit de nitre.

Les noms d'efprit de nitre & d'acide nitreux font fynonymes en Chimie, ils défignent l'efprit acide retiré par la diftillation
du nitre ou falpêtre. Quelques épithètes
ajoutées à ces noms fervent à indiquer le
degré de leur concentration & le procédé
dont on s'eft fervi pour les retirer : ainfi,
par efprit de nitre ou acide nitreux fumant,
on entend cet acide très-concentré & exhalant des vapeurs ; par eau-forte, on entend
un acide nitreux affez foible, retiré par l'intermède de l'argile.

Dans le commerce, dans les Arts, ces dé-
nominations n'ont pas précifément la même
acception qu'en Chimie ; elles n'expriment que
le degré de concentration de cet acide. L'efprit de nitre des marchands ne diffère de
l'eau-forte, qu'en ce qu'il eft plus concetré.

Efprit de fel.

C'eft le fynonyme du mot acide marin.

Efprit de Vitriol.

Huile de vitriol. L'acide vitriolique concentré eft connu dans le commerce fous le nom d'huile de vitriol : on y nomme efprit de vitriol , ce même acide étendu d'eau.

Ecrouiffement.

L'écrouiffement eft une roideur & une dureté que les métaux acquièrent lorfqu'on les bat à froid pendant un certain temps. Un métal écroui eft beaucoup plus élaftique qu'il n'étoit avant : il devient en même temps très-aigre & caffant. L'écrouiffement empêche qu'on ne puiffe étendre à froid, en lames minces, des maffes de métal un peu épaiffes , parce qu'elles fe fendent & fe gercent après avoir reçu un certain nombre de coups de marteau. Les métaux les plus ductiles, tels que l'or & l'argent, ne font pas exempts de s'écrouir.

Recuit. Mais il eft facile de défécrouir les métaux ; il ne s'agit pour cela que de les faire chauffer jufqu'à rougir ; ce qui s'appelle les recuire : ce recuit leur rend toute leur ductilité.

Fixité.

La fixité eft, dans un corps, la propriété qu'il a de réfifter à l'action du feu, fans s'élever & fe diffiper en vapeurs.

Flux.

Cette expreffion s'employe quelquefois comme fynonyme de fufion. On dit, par exemple, qu'un métal eft en flux très-liquide; ce qui eft la même chofe que fi on difoit qu'il eft en fufion parfaite.

On donne auffi en général le nom de flux aux matières falines qu'on mêle avec des fubftances difficiles à fondre, pour en faciliter la fufion. Les alkalis fixes, le nitre, le borax, le tartre, le fel marin, font les matières falines qui entrent le plus ordinairement dans la compofition des flux.

Mais le nom de flux eft affecté encore plus partitulièrement à des mélanges de différentes proportions de nitre & de tartre.

Fondant.

On nomme fondant toute efpèce de fubftance qui facilite la fufion des autres.

Fonte , *Fusibilité* , *Fusion.*

Le terme de *fonte* & celui de *fusion* font synonymes ; ils défignent tous deux l'état d'un corps naturellement folide , & rendu fluide par l'action du feu.

Celui de *fusibilité* exprime la propriété des corps de devenir fluides lorfqu'ils font expofés à certain degré de chaleur.

Homogène , hétérogène.

Lorfqu'un corps eft formé de matière fem-blable , ou que nous jugeons telle , nous difons qu'il eft *homogène*.

Nous le nommons *hétérogène* quand il eft compofé de matières qui ont des propriétés différentes , ou lorfque fes principes font mélagés groffièrement & non combinés.

Lut , luter.

On nomme lut une pâte dont on enduit les jointures des vaiffeaux, comme , par exemple , l'argile délayée dont on enduit la jointure des creufets dans l'opération de l'affinage.

L'action d'appliquer le lut s'appele *luter*.

Menstrue.

Ce mot est synonyme avec celui de dissolvant.

Mines.

On entend par mine, des corps composés qui contiennent les métaux alliés avec différentes substances.

Les substances qui se trouvent naturellement combinées avec les métaux dans l'intérieur de la terre, sont singulièrement le soufre & l'arsenic.

Ces métaux alliés avec ces substances se nomment métaux minéralisés par le soufre, ou métaux minéralisés par l'arsenic.

Ces matières unies ensemble forment des masses compactes, pesantes, cassantes, & souvent pourvues d'un éclat métallique assez considérable. Ces composés portent le nom de mine ou de minérai.

On donne aussi le nom de mine ou celui de minière aux lieux où les minéraux se trouvent en grande quantité, & d'où on les retire.

Parties constituantes & intégrantes.

Lorsque nous parlons des parties d'un corps, même les plus subtiles, nous les désignons par deux épithètes différentes : les unes font les *parties intégrantes*, c'eft-à-dire, qu'elles ne forment qu'une foudivifion infinie, fi l'on veut, de la maffe entière, mais qui en conferve tous les caractères, qui eft entière par conféquent dans fon petit volume. Le plus petit atôme d'or eft une partie intégrante de la maffe dont il a été détaché.

Au contraire, lorfque nous confidérons féparément des principes différens qui faifoient partie des compofés dont nous faifons ceffer l'union par quelque moyen que ce foit, nous caractérifons alors ces parties par l'expreffion de *conftituantes*.

Tels font les principaux termes que j'ai cru devoir expliquer pour faciliter l'intelligence de la théorie chimique des opérations dont j'ai à rendre compte. Il en eft bien encore quelques-uns, mais que je me contenterai de paffer rapidement en revue en un feul article, vu qu'ils ne demandent pas un explication auffi détaillée que les précédens.

Combinai- Quand les parties d'un corps s'uniffent aux
fon.   parties d'un autre corps, de manière à former un feul & même tout, nous difons qu'il y a *combinaifon*.

Rare, ra- *Rare, raréfié*, font les oppofés de concentré.
réfié.

Les corps qui se fondent difficilement se *Réfractaires.*
nomment *réfractaires* : on nomme *Apyres* ceux *Apyres.*
qui ne se fondent point du tout au feu ordinaire
de nos fourneaux.

On nomme effervescence le mouvement *Effervescence.*
visible qui accompagne beaucoup de dissolutions.

Malgré l'attention que j'ai apportée à n'omet-
tre aucun des termes essentiels de l'art, qui,
n'étant connus que de ceux qui s'y appliquent,
ont besoin d'explication ; j'ai pu sans doute
en oublier quelques-uns : je réparerai cette
faute à mesure que je m'en appercevrai, en
commentant ceux qui m'auront échappé.

Pesanteur.

On considère la pesanteur des corps de deux
manières differentes :

Tout corps considéré comme pesant, peut
n'être comparé qu'à lui-même, c'est-à-dire,
à des quantités plus ou moins grandes de
matière de même nature que lui : dans ce
cas, plus il y a de masse ou de quantité, plus
il est pesant. La pesanteur des corps, considérée
sous ce point de vue, est ce qu'on nomme leur
pesanteur absolue; c'est, à proprement parler, leur
poids. C'est dans ce sens qu'une livre de plomb

n'eſt pas plus peſante qu'une livre de plumes.

On peut conſidérer un corps comme peſant, en ayant égard non ſeulement à ſa maſſe ou quantité de matière, mais auſſi à l'eſpace qu'il occupe, à ſon volume. Alors on trouve une différence très-grande entre tous les corps que la nature nous offre : il y a une différence énorme entre le poids d'un pied cube de plomb & celui d'un pied cube de plumes, entre un pied cube d'or & un pied cube d'étain. Comme ces différences dépendent de l'eſpèce particulière de chaque corps , la peſanteur appréciée de cette manière ſe nomme *peſanteur ſpécifique*. On la nomme auſſi *relative*, parce qu'on n'en peut juger qu'en comparant les corps les uns aux autres. Il ſuit de là, que ſi deux corps que l'on compare l'un à l'autre ſont égaux en volume, ils ſeront entre eux comme leurs poids réels ou maſſes ; & que, s'ils ſont égaux en maſſes ou poids réels, ils ſeront entre eux réciproquement comme leurs volumes.

Il y a pluſieurs moyens de pratique aſſez commodes pour déterminer la peſanteur ſpécifique des corps , & qui ſont fondés ſur la relation de leur volume à leur maſſe , qui conſiſtent ou à les réduire ſous des volumes

égaux,

égaux, ou à rendre égaux leurs poids réels, & à comparer ensuite leurs volumes.

La première méthode, qui est très-juste, très-commode, & la meilleure qu'on puisse employer pour déterminer la pesanteur spécifique des corps liquides, étoit aussi très-facile à imaginer. Il ne s'agissoit que de choisir une substance simple & invariable, ou du moins qu'on pût toujours avoir facilement dans sa plus grande pureté, à la pesanteur de laquelle on pût comparer toutes les autres : on a trouvé toutes ces conditions dans l'eau pure. Ainsi, en pesant bien juste une quantité déterminée, une once, par exemple, d'eau très-pure dans une fiole, & marquant exactement par un trait le volume qu'occupe cette once d'eau dans la fiole, il est très-facile de déterminer le rapport de la pesanteur spécifique de tout autre fluide à celle de cette eau ; il ne s'agit pour cela que de mettre dans la même fiole un volume de la liqueur dont on veut comparer la pesanteur spécifique, égal à celui qu'occupoit l'once d'eau, c'est-à-dire, d'emplir cette fiole jusqu'à la hauteur du trait qui le marque, & de peser ensuite exactement cette liqueur : si elle se trouve peser juste une once, elle aura la même pesanteur spécifique que

D

l'eau ; fi au contraire elle pèfe plus ou moins
d'une once, fa pefanteur fpécifique fera d'autant
plus ou moins grande que celle de l'eau, dans la
proportion de ce qu'elle pefera de plus ou de
moins que l'once. Si, par exemple, elle pèfe
deux onces, fa pefanteur fpécifique fera déterminée double de celle de l'eau ; fi au contraire
elle ne pèfe qu'une demi-once, elle fera moitié
moindre auffi que celle de l'eau.

Cette méthode, très-jufte & très-commode
pour déterminer la pefanteur fpécifique des
corps liquides, ne peut pas être employée
pour celle des corps folides : il faut beaucoup
de main-d'œuvre & d'adreffe pour donner à
deux corps folides un volume exactement
égal ; on peut même dire que l'entière précifion
eft comme impoffible à cet égard : ainfi, on
eft obligé d'avoir recours à une autre méthode
pour ces fortes de corps. La méthode qu'on
fuit ordinairement dans cette détermination,
confifte à rendre égaux les poids réels des
corps, & à comparer enfuite leur volume par
rapport à un pareil volume d'eau, ainfi que
nous allons le voir.

Lors donc qu'on veut déterminer la pefanteur fpécifique de deux corps folides, on commence par en pefer exactement une égale quan-

tité, une once, par exemple, de chacun, sans
avoir égard à leurs volumes ; on repèse après
cela chacun de ces corps dans de l'eau très-pure,
par le moyen de la *balance hydrostatique*, & l'on
tient note de la quantité de poids réel que
chacun de ces corps a perdue étant ainsi pesé
dans l'eau : on compare ensuite ces pertes
de poids, & celui qui a fait la moindre perte
surpasse l'autre en pesanteur spécifique,
dans la même proportion que la perte du
poids du dernier surpasse celle du premier.
Si, par exemple, on pèse ainsi l'or dans l'eau,
il perd entre un dix-neuvième & un vingtième
de son poids ; d'où il suit qu'à volume égal
il est dix-neuf à vingt fois plus pesant que ce
fluide. Si on pèse de même une once d'or
d'une part, & de l'autre une once d'argent,
le premier perdra, comme nous l'avons vu,
entre un dix-neuvième & un vingtième de son
poids, & le second perdra un onzième : la
pesanteur spécifique de l'argent est donc moindre que celle de l'or dans le rapport de onze
à dix-neuf environ ; l'or doit donc contenir
presque le double de matière que l'argent,
sous un volume égal ; aussi un pouce cube
d'or pèse douze onces trois gros soixante-deux
grains, tandis qu'un pouce cube d'argent ne

pèfe que fix onces fix gros vingt-deux grains.

Phlogiſtique.

Les Chimiſtes défignent par le nom de phlo-giſtique, le principe inflammable le plus pur & le plus fimple.

Il doit être regardé comme le feu élémen-taire combiné & devenu un des principes des corps combuſtibles.

Le phlogiſtique eſt le principe qui conſtitue les fubſtances métalliques, & les diſtingue de tous les autres corps; c'eſt à lui que les métaux doivent la ductilité, l'opacité, le brillant mé-tallique, la ténacité, la pefanteur fpécifique qui les caractérifent; c'eſt encore à lui qu'ils doivent leur fufibilité & leur diſſolubilité par les acides: on peut voir, à ce fujet, ce qui a été dit des chaux métalliques, page 33, & l'article du chapitre quatrième qui traite des propriétés générales des fubſtances métalliques.

Régule.

C'eſt le nom général des fubſtances mé-talliques féparées d'avec d'autres fubſtances par la fufion. Ainſi, le culot d'or qui reſte au fond du creufet dans l'opération de la pu-rification de ce métal par l'antimoine, fe nomme régule d'or; celui qui se trouve de même sous les scories du départ sec, porte encore le nom de régule d'or, comme on nomme régule d'argent, le culot de ce métal qu'on obtient dans la purification de l'argent par le nitre.

Scories.

On donne ce nom en général à toutes les matières salines, sulphureuses, ou vitreuses, qu'on trouve au-dessus des culots ou régules, après la fonte des minéraux, ou après leur purification par la fonte.

CHAPITRE II.

Histoire naturelle abrégée de toutes les matières qui sont employées dans les opérations chimiques de l'Orfévrerie.

Acide marin.

L'ACIDE marin, qu'on appelle aussi esprit de sel, esprit de sel commun, est ainsi nommé, parce qu'on le tire ordinairement du sel marin.

L'acide marin a toutes les propriétés générales des acides; celles qui le caractérifent particulièrement font les fuivantes.

Sa pefanteur fpécifique eft plus confidérable que celle de l'eau, mais moindre que celle des acides nitreux & vitriolique. L'acide marin très-concentré & fumant, pefé dans une bouteille qui contient jufte une once d'eau, pèfe une once deux gros & fix grains.

Lorfqu'il eft concentré à un certain point, fa couleur eft citrine; il s'exhale alors perpétuellement en vapeurs blanches, qui ne font vifibles qu'autant qu'elles ont communication avec l'air libre.

Il a une odeur très-marquée, que plufieurs Chimiftes font reffembler à celle du fafran, mais qui au vrai lui eft particulière.

L'acide marin en liqueur, quelque concentré qu'il foit, aidé même de la chaleur la plus forte, ne peut diffoudre ni l'or ni l'argent; il fe combine néanmoins très-bien & très-intimement avec l'argent par deux moyens; le premier, par la voie fèche & par cémentation, comme nous le verrons dans l'opération du départ concentré; le fecond, par la voie humide, & en féparant ce métal de fa diffolution par l'acide nitreux, ainfi que nous le démontrera la formation de la lune cornée.

Cet acide a la propriété de rendre volatils, d'enlever avec lui par fublimation, les
métaux avec lefquels il eft uni, & finguliè-
rement ceux avec lefquels il a la plus forte
adhérence. La lune cornée nous fournira
encore un exemple de cette propriété de
l'acide marin.

Enfin, quoique cet acide ne puiffe diffoudre l'or dans fon état naturel, par aucun
moyen connu, tant qu'il eft feul & pur, il
fait très-bien cette diffolution quand il eft
mêlé d'acide nitreux; il forme alors un diffolvant mixte, qu'on nomme *eau régale*, &
dont je parlerai dans ce chapitre.

On trouve l'acide marin dans le commerce
fous plufieurs états, qui tous tiennent à fes
divers degrés de concentration.

Le premier eft d'une couleur jaune ardente,
& exhale une très-grande quantité de vapeurs
blanches, lorfqu'on l'expofe à l'air, d'où on
le nomme acide marin fumant.

Le fecond eft d'une couleur citrine, &
n'exhale que peu de vapeurs; c'eft celui qui
convient pour faire l'eau régale.

Le troifième eft d'autant plus blanc &
exhale d'autant moins de vapeurs qu'il eft plus
phlegmatique : celui-ci eft abfolument trop

foible pour entrer dans la compofition de l'eau régale , propre à la diffolution de l'or.

D'après ce que je viens d'expofer , il eft facile de voir qu'on doit choifir l'acide marin de couleur citrine & médiocrement fumant.

Cet acide , comme nous le verrons , uni à l'alkali minéral , forme le fel marin ; avec l'alkali volatil , il forme le fel ammoniac ; le fublimé corrofif avec le mercure ; la lune cor- née avec l'argent.

Il diffout auffi très-bien l'étain , le fer, & le cuivre.

Je n'entrerai pas dans un plus grand détail fur les propriétés de l'acide marin , celles que j'ai expofées étant les feules qu'il importe de connoître pour l'intelligence de ce Traité.

Acide nitreux.

L'acide nitreux tire fon nom du nitre , du- quel on le retire par la diftillation.

Aux propriétés générales des acides , l'acide nitreux en joint beaucoup d'autres qui le carac- térifent.

Lorfqu'il eft bien concentré , il a une cou- leur d'un jaune rouge ardent , s'exhale perpé- tuellement en vapeurs de même couleur , vifibles même dans un flacon bien bouché ; ce qui a fait ajouter à son nom l'épithète de fumant.

Sa pesanteur spécifique est plus confidérable que celle de l'acide marin ; une fiole qui contient juste une once d'eau, contient une once & demie & quarante-huit grains d'acide nitreux concentré.

Il a une odeur & une faveur très-marquées, qui lui font particulières.

Appliqué fur la peau, il y fait des taches jaunes qui ne s'en vont qu'avec l'épiderme.

Il fe combine avec le phlogiftique avec une impétuofité fans égale, le brûle, le détruit, fe décompofe lui-même en un inftant avec une détonation, une explofion des plus confidérables : c'eft à cette propriété de l'acide nitreux que le nitre doit celle d'affiner l'argent, en détruifant le phlogiftique des fubftances métalliques qui altèrent la pureté de ce métal, comme nous le verrons lorfque nous traiterons de l'affinage de l'argent par le nitre.

L'acide nitreux diffout l'argent avec facilité ; & comme il n'a aucune action fur l'or, on s'en fert pour féparer ces deux métaux par l'opération du départ.

Enfin, l'acide nitreux, combiné avec l'alkali

fixe végétal , forme le nitre ou falpêtre.

L'acide nitreux qu'on employe dans les Arts n'eft pas auffi concentré que celui que je viens de décrire, dont il a d'ailleurs toutes les autres propriétés : on le connoît dans le commerce fous deux noms qui défignent fes différens degrés de force ; favoir, celui d'efprit de nitre, par lequel on entend l'acide ni-treux le plus actif après le fumant, & le nom d'eau-forte, qui défigne l'acide nitreux le plus foible.

Non feulement les différentes efpèces d'a-cide nitreux diffèrent entre elles par leur force, mais elles diffèrent encore effentiellement par leur pureté : l'ufage a encore confacré le nom d'efprit de nitre pour défigner le plus pur , & celui d'eau-forte pour le plus commun.

Choix de l'acide ni-treux. Je remets à entrer dans de plus grands dé-tails à ce fujet, dans l'article qui traitera de l'eau-forte, où je donnerai auffi les fignes auxquels on peut s'affurer de la pureté de l'a-cide nitreux.

On voit par les propriétés de l'acide ni-treux, qu'il diffère de l'acide marin ;

1°. Par fa couleur, qui eft d'un jaune rouge ardent.

2°. Par ses vapeurs, qui sont de la même couleur & visibles dans les vaisseaux fermés ; au lieu que celles de l'acide marin ne le sont qu'autant qu'elles ont une communication libre avec l'air.

3°. Par une pesanteur spécifique plus considérable.

4°. Enfin, par la propriété de dissoudre l'argent, auquel l'autre ne touche pas.

Acide vitriolique.

Quoique cet acide n'entre dans aucune des opérations de l'Orfévrerie (1), cependant, comme il a de l'action sur l'argent, & qu'il joue d'ailleurs un assez grand rôle dans l'explication de plusieurs points de théorie, j'ai cru ne pouvoir me dispenser d'en traiter ; mais je le ferai le plus succinctement possible.

Cet acide doit son nom au vitriol, attendu qu'on le retiroit autrefois de ce sel ; aujourd'hui qu'on le retire du soufre, il n'en a pas moins conservé son ancienne dénomination.

Lorsqu'il est bien concentré, sa pesanteur spécifique est double de celle de l'eau. Une

---

(1) Depuis quelque temps on a substitué l'acide vitriolique à l'eau-forte dans le blanchiment de l'argent.

fiole contenant une once d'eau, contient deux onces d'acide vitriolique concentré.

Il n'a ni odeur ni couleur, & n'exhale point de vapeurs.

Sa faveur eft violemment aigre, piquante, approchante de celle du verjus, de l'o-feille, &c.

Il s'unit à l'eau avec une chaleur très-forte.

Huile de vitriol. Il a moins de fluidité que l'eau, il file prefque comme l'huile; fi on en manie une goutte entre les doigts, il paroît gras au tou-cher : ces deux propriétés lui ont fait donner, par les anciens Chimiftes, le nom d'huile; & quoique ce nom foit très-impropre, on ne le connoît encore aujourd'hui, dans le commerce & dans les Arts, que fous le nom d'huile de vitriol.

Il attire puiffamment l'humidité de l'air.

Il fe combine facilement avec le phlogif-tique; les huiles, la paille, la pouffière même répandue dans l'atmofphère, fuffifent pour le phlogiftiquer : il prend alors une couleur plus ou moins brune.

Ces deux dernières propriétés obligent à le tenir toujours bien bouché, fi on veut le conferver dans fon plus grand état de con-centration & de pureté.

Quoiqu'on n'ait pas coutume d'employer cet acide à la diſſolution de l'argent, cependant ſi on le chauffe bien fort ſur de la limaille de ce métal, il la diſſout, & en forme un vitriol d'argent qui criſtalliſe.

Le ſimple énoncé des propriétés de l'acide vitriolique, ſuffit pour faire appercevoir ſa différence d'avec les acides marin & nitreux.

On doit choiſir l'huile de vitriol très-blanche, ſans odeur, & peſant le double de l'eau; elle eſt d'autant plus impure, qu'elle s'éloigne plus de ces qualités.

Choix de l'acide vitriolique.

Alun.

L'alun eſt un ſel neutre très-blanc, brillant, & tranſparent, d'une ſaveur acerbe & aſtringente, ſemblable à peu près à celle des fruits verts.

Expoſé au feu, il ſe liquéfie d'abord, ſe bourſouffle enſuite, augmente conſidérablement de volume, & forme une maſſe rare, légère, d'un blanc mat, & que l'action du feu ne fait point entrer en fuſion.

Il ſe diſſout dans l'eau aſſez facilement & en fort grande quantité, & cette ſolution rougit les couleurs bleues des végétaux, & notamment le ſirop de violettes.

On connoît dans le commerce deux fortes d'alun ; l'un qui nous vient d'Angleterre en très-groffes maffes, brillantes & tranfpa-

Alun de roche ou de glace. rentes, qu'on nomme alun de glace, à caufe de fon brillant, & alun de roche, à caufe de la groffeur de fes maffes.

Alun de Rome. Le fecond, qui nous vient d'Italie, s'appelle alun de Rome. Ce dernier eft en criftaux de moyennes groffeurs ; il eft un peu moins tranfparent que le précédent, & recouvert d'une poudre rougeâtre.

Choix de l'alun. Ces deux efpèces d'alun font indifférentes pour les ufages auxquels les Orfévres les employent.

Borax.

Le borax a, au coup-d'œil, affez de reffemblance avec l'alun.

Sa faveur eft un peu amère & fraîche.

Expofé à l'air, il devient légèrement farineux & terne.

Expofé au feu, il fe liquéfie d'abord, il fe bourfouffle enfuite, & finit par entrer en fufion.

L'eau le diffout difficilement & en petite quantité.

Enfin fa folution dans l'eau verdit le firop de violettes.

C'eſt la reſſemblance extérieure du borax En quoi le
borax diffère
avec l'alun, qui m'a engagé à entrer dans de l'alun.
le détail de tous les caractères qui peuvent
ſervir à reconnoître ce ſel : pour ne laiſſer
aucun lieu à l'équivoque, je vais les mettre
en oppoſition avec ceux de l'alun qui ont
avec eux quelque analogie, ou qui en different d'une manière frapante.

La tranſparence du borax lui donne avec
l'alun une reſſemblance très-marquée ; mais
lorſqu'on examine de près ces deux ſels, on
obſerve que l'alun eſt plus brillant, plus net,
d'une plus belle eau que le borax, qui eſt
toujours plus ou moins terne, en compa-
raiſon de ce ſel. Ce dernier d'ailleurs eſt toujours farineux à ſa ſurface.

L'alun préſente d'abord au feu les mêmes
phénomènes que le borax : comme lui, il
commence par ſe liquefier, & ſe bourſouffle
enſuite ; mais il n'entre point en fuſion.

Ce ſecond caractère ſuffiroit pour faire diftinguer ces deux ſels avec certitude ; mais
les ſuivans vont tracer entre eux une ligne
de ſéparation beaucoup plus facile à ſaiſir
encore, & qui ne permet point de les confondre.

Au lieu d'être fraîche & amère comme celle du borax, la faveur de l'alun eſt acerbe & aſtringente; à peu près comme celle, par exemple, des prunelles, des nèfles qui ne ſont point encore parvenues à leur maturité, de beaucoup de fruits verts.

L'alun ſe diſſout dans l'eau en bien plus grande quantité que le borax.

Enfin, & ce caractère ſuffiroit pour les diſtinguer même très-promptement, la ſolution de l'alun dans l'eau rougit le ſirop de violettes, au lieu de le verdir comme le fait celle du borax.

Le borax poſſède éminemment la propriété de faciliter la fuſion des métaux; c'eſt pour quoi les Orfévres l'employent pour accélérer celle de la ſoudure.

On l'employe auſſi dans certains cas pour adoucir l'or, & lui rendre ſa malléabilité, lorſqu'il l'a perdue par quelque accident, comme j'aurai occaſion de le dire.

Quoiqu'on employe le borax depuis longtemps, on ignore encore abſolument ſon hiſtoire naturelle. Selon l'opinion répandue par les voyageurs, ce ſel ſe trouve dans les
mines

mines d'or & d'argent de l'Inde & de la Tar-
tarie; mais, selon plusieurs Auteurs, c'est un
produit de l'art.

Le borax nous est apporté des Indes, &
sur-tout de Ceylan, par les Anglois & les
Hollandois : il en vient de deux sortes, dont
l'une est grasse & rougeâtre, l'autre, grise &
verdâtre.

On purifie en Europe ce borax brut; les
Vénitiens le raffinèrent les premiers, d'où il
a pris le nom de borax de Venise, qu'il
conserve encore, quoique depuis long-
temps les Hollandois se soient emparés presque totalement de cette raffinerie. Enfin,
MM. Léguillier frères, marchands Epiciers-
Droguistes, rue des Lombards, ont établi
chez eux une raffinerie de ce sel, de laquelle
il sort du borax tout aussi beau que celui de
Hollande.

On doit choisir le borax bien net, bien
blanc, & bien transparent.

Choix du borax.

Cendre gravelée.

La cendre gravelée est un sel alkali qu'on
prépare en grand dans les pays de vignobles,
en faisant brûler des sarmens avec des lies
de vin desséchées. Lorsque ces matières sont

E

brûlées, on les calcine à un degré de feu capable de faire fondre le fel, mais qui n'eſt pas aſſez fort pour vitrifier la terre des cendres.

Ce fel alkali eſt aſſez pur, exempt de tout mélange de fel étranger : il ne diffère du fel de tartre, qui eſt l'alkali le plus pur, qu'en ce qu'il contient beaucoup plus de terre, que lui ont fournie les farmens; mais ſi on le purifie, alors il eſt abſolument ſemblable à ce fel.

Choix de la cendre gravelée.

La cendre gravelée, lorſqu'elle eſt pure, eſt d'une couleur blanche ſale & tirant ſur le gris, d'un goût âcre de leſſive; elle attire puiſſamment l'humidité de l'air, & ſe réſout en liqueur.

Quant à ſes qualités alkalines, il faut conſulter l'article qui traite des alkalis en général, à la page 23ᵉ.

Crême de tartre.

Le fel connu dans le commerce & dans les Arts ſous le nom de crême de tartre, n'eſt autre choſe que le tartre purifié; c'eſt pourquoi je renvoye au mot tartre pour ſes propriétés & ſon uſage dans nos opérations.

Eau-forte.

J'ai dit à l'article acide nitreux, que cet acide prenoit différens noms, selon qu'il eft plus ou moins concentré, & qu'on donnoit le nom d'eau-forte à celui qui eft le plus foible : cette dénomination défigne auffi, comme je l'ai obfervé, celui qui eft le moins pur : en Chimie, le nom d'eau-forte paroît confacré à l'acide nitreux obtenu par l'intermède de l'argile.

Pour bien entendre ces diftinctions, il faut favoir qu'on décompofe le nitre, pour en obtenir l'acide nitreux, par trois intermèdes différens, & par autant de procédés.

Le premier intermède qu'on employe à cette décompofition du nitre, eft l'acide vitriolique pur & concentré, l'huile de vitriol : ce procédé, qui eft dû à Glaubert, célèbre Chimifte, porte le nom de fon Auteur, & l'acide nitreux qu'il produit, qui eft très-concentré & fumant, fe nomme acide nitreux fumant.

Le fecond procédé, plus ancien que le précédent, confifte à employer pour intermède le vitriol vert, mais dans différens états. Lorfqu'on employe ce vitriol calciné jufqu'au rouge, l'acide nitreux qu'on obtient eft fum̃ant, plus fumant même & plus ruti-lant que celui que donne le procédé de Glaubert.

Si au lieu de pouffer la calcination du vitriol jufqu'au rouge, on fe contente de priver ce fel de fon eau de criftallifation, ce qui s'appele le calciner en blancheur, l'acide nitreux qu'on obtient alors en em-ployant ce vitriol comme intermède pour la décompofition du nitre, eft flegmatique, fans couleur, n'exhalant point ou très-peu de vapeurs.

C'eft par ce procédé qu'on fait l'eau-forte dans plufieurs provinces, & notamment en Flandre; c'eft ainfi qu'on l'a fabriquée pendant long-temps à Amiens & à Beauvais.

Le troifième procédé confifte à décom-pofer le nitre par l'intermède de la terre argi-leufe. L'acide nitreux qu'on obtient par ce procédé ne peut jamais être amené au degré de concentration de celui qu'on obtient par les deux autres; tout ce qu'on peut faire, c'eft de l'obtenir légèrement fumant, mais jamais affez concentré pour être coloré : il eft toujours incolore.

Mais fi l'argile ne jouit pas de l'avantage de

nous procurer un acide nitreux auffi concentré que celui que nous retirons par l'intermède du vitriol ou de fon acide, elle en
a un autre bien fupérieur, celui de ne lui
rien communiquer d'étranger. L'acide nitreux,
dégagé par l'intermède de l'argile, eft le plus
pur poffible ; il ne contient aucun autre
acide, aucun principe étranger, lorfqu'on a
employé à fa préparation du nitre très-pur.

C'eft par l'intermède de l'argile que les
Diftillateurs de Paris, & la majeure partie de
ceux de province décompofent le nitre &
préparent prefque tout ce qui fe vend dans
le commerce fous les noms d'efprit de nitre
& d'eau-forte ; la mauvaife qualité de l'eau-
forte faite par l'intermède du vitriol vert,
a fait abandonner prefque univerfellement ce
procédé ; il n'eft plus guère employé en
grand que par quelques ouvriers qui n'en
connoiffent pas d'autre.

Si les Diftillateurs employoient le nitre le
plus pur, celui de trois cuites, leur eau-forte,
dès qu'elle feroit fuffifamment concentrée,
feroit toujours propre au départ ; mais ils font
dans l'ufage de fe fervir du nitre brut, du
nitre de première cuite ; une eau-forte faite
ainfi, qui eft une efpèce d'eau régale, à raifon

de la grande quantité de sel marin que contient le nitre brut, est peu propre à cette opération; souvent même elle est si chargée d'acide marin, qu'elle n'attaque pas l'argent; enfin, dans quelques cas elle dissout l'or. J'entrerai dans de plus grands détails à ce sujet en traitant du départ.

Au reste, il ne faut pas croire que ce soit par avarice ou par ignorance que les Distillateurs employent le nitre brut; l'eau-forte qu'ils fabriquent n'a pas généralement besoin d'un degré de pureté absolu : au contraire, le mélange d'un peu d'acide marin, loin de lui nuire, ne peut, dans bien des cas, que lui être avantageux. Les Teinturiers font, de tous les Artistes, ceux qui employent une plus grande quantité d'eau-forte; cet acide leur sert à dissoudre l'étain, pour donner le ton à la belle couleur connue sous le nom d'écarlate; mais il ne peut faire une bonne dissolution de ce métal, qu'autant qu'il a été régalisé par l'addition de l'acide marin, soit pur, soit engagé dans une base (c'est le sel ammoniac qui sert ordinairement à la régaliser dans cette circonstance) : on sent donc qu'un peu d'acide marin, loin de nuire au succès de l'opération, ne fait qu'y aider. Il

feroit donc abfolument furperflu d'employer
dans la diftillation de l'eau-forte deftinée à
cet ufage, le nitre de trois cuites; il ne feroit qu'en augmenter le prix très-inutilement.
Il en eft à peu près de même de la gravure;
l'eau-forte chargée d'un peu d'acide marin
y eft beaucoup plus propre que l'acide nitreux
pur, en ce que fon action fur le cuivre étant
moins vive, l'artifte eft plus maître de la diriger à fon gré: cette eau-forte enfin, au départ près, eft très-propre à la plus grande
partie des opérations des Arts; les Orfévres
peuvent même l'employer au blanchiment de
l'argent, tout auffi bien que l'acide nitreux le
plus pur.

. Si toutes les eaux-fortes du commerce font
fabriquées par l'intermède de l'argile & avec
du nitre brut, comment fe peut-il faire, me
dira-t-on, que les unes puiffent fervir au
départ, tandis qu'avec certaines autres cette
opération ou ne réuffit pas, ou fe fait très-
mal? Ceci tient à deux caufes principales
que je vais expliquer.

La première eft que quelques Diftillateurs
font dans l'ufage d'arrofer leur argile avec
de l'eau mère de falpêtre; ils ont remarqué
qu'ils retiroient alors une plus grande quan-

tité d'eau-forte ; mais l'eau mère du falpêtre ne contient prefque pas de nitre, ce n'eſt prefque que du fel marin à bafe terreufe : ainfi, fi cette addition ne nuit pas à la force de l'acide que produit l'opération, elle altère au moins beaucoup fa pureté, en y introduifant une notable quantité d'acide marin : & malheur à l'Orfévre qui tombe à de pareille eau-forte pour faire fon départ !·

La feconde tient à la conduite de l'opération : on peut, avec du nitre brut, obtenir de l'eau-forte prefque exempte du mélange de l'acide marin, de l'efprit de nitre prefque pur ; & c'eſt ce qui arrive quelquefois aux Diſtillateurs, fans qu'ils s'en doutent.

J'ai fabriqué de l'eau-forte pendant fix ans ; ma galère étoit toujours entretenue par les Teinturiers ; j'employois par conféquent le nitre brut, comme tous les Diſtillateurs. Lorfque j'avois befoin d'eau-forte pour le départ, je plaçois dans le milieu de ma galère fix ou huit cornues (felon la quantité que je voulois me procurer d'acide nitreux pur) chargées de nitre de trois cuites ; mais il eſt arrivé plufieurs fois qu'on m'a demandé de l'eau-forte de départ, lorfque, ma galère étant couverte, il n'étoit plus poffible d'y rien

déranger ; il eût fallu alors attendre deux
jours : dans ce cas, au lieu d'abandonner la
conduite de l'opération à mon ouvrier , je
la gouvernois moi-même à ma manière ; j'obte-
nois de l'acide nitreux presque aussi exempt
du mélange d'acide marin , que celui que
me fournissoit le nitre pur, & très-propre au
départ.

On reconnoît que l'eau-forte contient de
l'acide marin ;

1°. A sa couleur, qui est d'autant plus citrine, qu'elle contient plus de cet acide : l'eau-
forte pure n'a pas plus de couleur que l'eau.

2°. En y versant quelques gouttes de dissolution d'argent , si l'acide nitreux est pur ,
cette dissolution ne lui apportera aucun changement ; mais s'il est mêlé d'acide marin ,
alors on verra s'y former une espèce de caillé
blanc, qui se déposera avec lenteur, & qui
sera d'autant plus abondant , que l'acide marin
sera mêlé en plus grande quantité à l'acide
nitreux.

La bonne eau-forte doit fumer légèrement
lorsqu'on débouche la bouteille qui la contient, & n'avoir point de couleur.

D'après ces observations , on sent que la
bonne eau-forte pour le départ doit être sans
couleur, & légèrement fumante.

Choix de
l'eau-forte.

Eau régale.

Aucun des trois acides minéraux dont nous venons de traiter n'a d'action fur l'or ; ce métal ne peut être diffout que par le mélange de l'acide marin & de l'acide nitreux, & ce diffolvant mixte porte le nom d'eau régale, parce qu'il diffout l'or, que les Alchimiftes regardent comme le roi des métaux.

Il y a différentes manières de préparer l'eau régale : on peut, ou mêler enfemble une partie d'acide marin & deux parties d'acide nitreux,

Ou diftiller enfemble une partie de fel marin avec deux parties d'acide nitreux,

Ou diffoudre fimplement le fel marin dans l'acide nitreux,

Ou enfin diffoudre une partie de fel ammoniac dans quatre parties d'acide nitreux ou eau-forte.

Cette dernière méthode de compofer l'eau régale eft la plus ufitée ; elle a cependant des inconvéniens que n'a pas la première, qui de plus l'emporte fur elle dans quelques cas, comme j'aurai occafion de le faire remarquer.

Fleurs de soufre.

La fleur de soufre n'est autre chose que du soufre qui s'est sublimé, par l'action du feu, en petits cristaux aiguillés.

Voyez ci-après le mot soufre.

Huile de Vitriol.

C'est, comme je l'ai dit plus haut, le nom que porte, dans le commerce, l'acide vitriolique concentré.

Voyez ci-devant le mot acide vitriolique.

Nitre.

Le nitre, plus connu sous le nom de salpêtre, est un sel neutre composé d'acide nitreux & d'alkali fixe végétal.

Ce sel a une saveur un peu fraîche, suivie d'un arrière-goût qui n'est point agréable.

Exposé à l'air, le nitre n'y éprouve aucune altération, il n'en attire point l'humidité, il n'y tombe point en efflorescence.

Il se fond bien avant de rougir, & reste en fonte tranquille sans se boursoufler.

Lorsqu'on le tient en fusion à un degré de chaleur modéré, de manière qu'il n'ait point de contact avec aucune matière inflammable, ni même avec la flamme, il y reste sans éprouver d'altération bien sensible ; si on le laisse refroidir & figer, il se coagule en masse solide sonante, demi transparente, & qui conserve toutes les propriétés du nitre.

Mais si on le tient dans un grand feu, il se décompose & s'alkalise, parce qu'alors la flamme ou le phlogistique embrâsé le pénètre en passant même à travers le creuset, & dégage ou plutôt détruit son acide.

Cette décomposition du nitre est bien plus prompte & bien plus complète, si, lorsqu'il est dans l'état d'incandescence, on y projette un corps combustible quelconque : alors son acide fait brûler, & brûle avec lui le phlogistique de ce corps ; & cette combustion réciproque se fait avec ou sans détonation sensible, suivant l'état, la quantité, & le mélange plus ou moins intime des matières inflammables ; car il est bon de remarquer que la décomposition du nitre a toujours lieu, soit qu'on projette une matière combustible sur le nitre en ignition, soit qu'on projette ce sel sur un corps inflammable dans le même état, soit qu'après les avoir mêlés on les mette en contact avec le feu en action : on a un

exemple familier de cette troifième condition dans la détonation de la poudre à canon.

On ne connoît pas encore l'origine du
nitre ; tout ce qu'on fait, c'eft que beaucoup
de plantes en contiennent, & qu'on le trouve
très-abondamment dans les matériaux des
vieux bâtimens, & fur-tout dans ceux qui
ont été imprégnés pendant long-temps des
humeurs excrémentitielles des animaux, dans
les latrines, dans les murailles expofées à
recevoir les urines, dans les écuries, les
étables, les bergeries, &c.

Origine du nitre.

Le nitre qu'on trouve ainfi n'eft pas parfait, ni pur à beaucoup près ; il contient
une grande quantité de fel marin, & eft à
bafe de terre abforbante : dans cet état il eft
déliquefcent ; il s'agit donc de lui donner
une bafe alkaline, & de le purifier de l'alliage du fel marin : les Salpêtriers qui le retirent des plâtras & autres matériaux qui
le fourniffent, font la première opération,
& la feconde s'exécute dans les ateliers du
Roi, & notamment, quant à Paris, à l'Ar-
fénal.

Je pafferai fous filence le détail de ces
opérations, qui eft étranger à mon Traité ;
j'obferverai feulement qu'on trouve dans les

magafins du Roi le nitre fous trois états.

Nitre brut. Le premier eft le nitre brut, connu auffi fous le nom de nitre de première cuite : celui-ci eft tel qu'il fort des mains du Salpêtrier. C'eft un mélange de nitre parfait, de fel marin à bafe d'alkali fixe végétal, ou fel fébrifuge de *Sylvius*, de nitre & de fel marin à bafe terreufe. Ce fel eft roux, en petits criftaux qui ne font point maffe, & attire l'humidité de l'air : c'eft, comme je l'ai dit, celui qu'emploient les Diftillateurs d'eau-forte.

Nitre de fe- Le fecond, qui porte le nom de nitre de **conde cuite.** feconde cuite, eft plus blanc que le premier, en maffes plus confidérables ; il contient un peu moins de fel marin, peu ou prefque point de fel fébrifuge de *Sylvius*, encore moins de fels à bafe terreufe ; il attire encore un peu l'humidité de l'air, mais moins que le premier.

Nitre de Le troifième enfin, le nitre de trois cuites, **trois cuites.** eft d'un blanc parfait, en maffes folides, n'attire pas l'humidité de l'air, ne contient plus de nitre ni de fel marin à bafe terreufe, plus de fel fébrifuge de *Sylvius*, prefque plus, fouvent même plus du tout de fel marin. C'eft du nitre auffi pur qu'on ait befoin de l'avoir pour la plupart des opérations dans lesquelles on le fait entrer, & particulièrement pour celles de l'Orfévrerie.

Je ferai voir, en traitant de l'affinage de l'argent par le nitre, de quelle importance il est pour les Orfévres de ne jamais employer que ce dernier.

Choix du nitre.

Potasse.

La potasse est un sel alkali qu'on prépare en grand, de différentes manières, dans plusieurs contrées, & principalement dans la Lorraine & plusieurs parties de l'Allemagne.

La manière la plus usitée de préparer la potasse, celle qui en produit le plus, consiste à faire brûler une grande quantité de bois, à extraire le sel de la cendre qu'il fournit après sa combustion, à le dessécher, & à le calciner dans des fours, en prenant garde de ne le point faire entrer en fusion.

La potasse est mêlée ordinairement de différens sels neutres, & principalement de sel marin ; on trouve des potasses qui en contiennent une si grande quatité, qu'il semble y avoir été mis exprès pour en augmenter le poids.

La potasse dont le goût est le plus âcre &

Choix de la potasse.

urineux, qui tient moins de celui du fel marin ,
& qui attire plus promptement l'humidité de
l'air, eft celle qu'on doit choifir : la couleur
de la bonne potaffe eft ordinairement bleuâtre,
la moindre tire un peu fur le rouge ; elle doit
cette couleur au fel marin qu'elle contient
en grande quantité.

Salpêtre.

Ce mot eft fynonyme avec celui de nitre.

Le mot falpêtre eft néanmoins plus particulièrement affecté au nitre brut : il feroit
à défirer qu'on le confacrât uniquement à
défigner cet état du nitre.

Sel ammoniac.

Le fel ammoniac eft un fel neutre formé
de la combinaifon de l'acide marin avec
l'alkali volatil.

On trouve du fel ammoniac tout formé
dans les volcans ou dans leur voifinage : on
le nomme fel ammoniac natif ou naturel ;
mais il eft en trop petite quantité pour fournir
aux befoins des Arts : celui qui eft dans le
commerce eft fait en grand dans les manu-
factures.

L'Egypte

L'Egypte a été, jufqu'à ces derniers temps, en poffeffion de nous fournir tout le fel ammoniac qui s'employe par nos différens artiftes; mais M. Baumé a établi une manufacture qui donne du fel ammoniac auffi parfait & plus beau que celui qui nous vient d'Egypte; il y a tout lieu d'efpérer que fon exemple ne tardera pas à être fuivi, & que nous touchons au moment où nous ne ferons plus tributaires des Egyptiens pour cette marchandife.

Les Orfévres n'emploient le fel ammoniac que pour compofer l'eau régale, en le mêlant avec l'acide nitreux, comme je l'ai dit au mot eau régale.

On doit le choifir très-blanc & très-net.

Choix du fel ammoniac.

Sel de tartre.

C'eft le nom que porte, dans le commerce & dans les Arts, l'alkali fixe qu'on obtient par la combuftion du tartre.

Cet alkali eft, comme je l'ai déjà dit, le plus pur de ceux qu'on trouve dans le commerce, comme la potaffe eft le plus impur.

Choix du fel de tartre.

On doit choifir le fel de tartre très-blanc, d'un goût âcre urineux très-marqué; il doit s'humecter très-promptement à l'air, & lorf-

E

qu'on l'y laiffe tomber tout à fait en déli-
quium, il doit fe réfoudre prefque totalement en liqueur, & ne laiffer que très-peu de
réfidu.

Soufre.

Le foufre eft une fubftance très-connue,
d'une couleur citrine, d'une odeur défa-
gréable; il eft caffant, & fe réduit facilement
en poudre.

L'action féparée ou combinée de l'air &
de l'eau ne lui caufe aucune altération; il
n'en reçoit pas même de celle du feu dans
les vaiffeaux clos : fi on l'y expofe dans un
appareil convenable, il fe fond d'abord à une
chaleur affez douce, & fe fublime au chapi-
teau, en petits criftaux aiguillés, qu'on nomme
fleurs de foufre.

Expofé à l'action du feu à l'air libre, il
s'enflamme & brûle avec une flamme bleuâtre,
peu lumineufe, fans fuie ni fumée; il exhale
en même temps une vapeur acide, d'une
odeur très-pénétrante & irritante au point de
fuffoquer.

Le foufre eft compofé d'acide vitriolique
& de phlogiftique.

Il eft infoluble dans l'eau, & foluble dans
les huiles.

Les acides libres femblent n'avoir que peu d'action fur lui.

Les alkalis fixes, les alkalis volatils, & la chaux le diffolvent, le rendent plus ou moins foluble dans l'eau, & forment avec lui des compofés qu'on nomme *foie de foufre*, à caufe de la reffemblance de leur couleur avec celle du foie.

Le foie de foufre eft un grand diffolvant de l'or, comme je le dirai en traitant de ce métal, tandis que le foufre pur n'a fur lui aucune forte d'action.

Le foufre s'unit par la fufion à l'argent & à prefque toutes les fubftances métalliques; c'eft fur ces propriétés du foufre que font fondés la purification de l'or par l'antimoine & le départ fec. (*Voyez ces mots.*)

Il n'y a point de foufre pur primitivement dans la nature; on le trouve quelquefois, foit criftallifé à la furface de la terre, foit dans fes entrailles, & on l'en retire par l'action du feu : mais il eft toujours alors l'ouvrage des volcans; c'eft toujours dans leur voifinage qu'on le trouve en abondance; il coule dans l'embrâfement, & vient brûler à l'air libre, comme dans la foufrière de la Guadeloupe, qui brûle encore ; ou il fe coagule quand il fe trouve dans un lieu moins chaud.

On retire encore le foufre, par la violence du feu, de certaines fubftances minérales, telles que les pyrites martiales & cuivreufes, la plupart des mines, & fur-tout celles de Cobalt.

Choix du Soufre. On trouve le foufre dans le commerce fous trois états différens ; le premier & le plus impur eft celui qui porte le nom de *foufre vif* ; c'eft un mélange de foufre, de terre, & de fubftances métalliques ; le fecond eft connu fous le nom de *foufre en canons*, nom qu'il doit à fa forme ; le troifième eft la *fleur de foufre*, qui mérite fans contredit la préférence fur les deux autres, toutes les fois qu'il s'agit d'opérations délicates, & dans lefquelles il faut employer le foufre pur.

Tartre.

Sel concret, huileux, & végétal, qui fe fépare du vin par dépôt & criftallifation.

On connoît de deux fortes de tartre, le rouge & le blanc ; mais on les employe in-différemment.

Vitriol.

En Chimie, tout fel réfultant de la combinaifon de l'acide vitriolique avec une bafe
quelconque, porte le nom de vitriol.

Mais dans le commerce, ce nom ne défigne que trois efpèces de fels; favoir, le
vitriol blanc ou de goflard, formé de l'union
du zinc à l'acide vitriolique; le vitriol bleu,
ou de Chypre, compofé de cet acide uni
au cuivre; & le vitriol vert, réfultant de la
combinaifon du fer avec le même acide.

Ces trois vitriols portent auffi le nom de
couperofe.

Ce font là les principales fubftances naturelles, & les principaux compofés qui
entrent, foit comme fondans, foit comme
purifians, foit comme diffolvans, foit enfin
comme précipitans, dans les opérations dont
je me propofe d'établir la théorie. J'ai penfé
qu'il étoit néceffaire d'en traiter ainfi dans
un chapitre féparé; par ce moyen j'évite
d'interrompre l'explication d'un phénomène
fouvent important, pour donner celle d'un
terme, pour définir un agent inconnu à ceux
pour qui j'ai entrepris ce travail. Cette marche
m'a fourni en outre le double avantage de

traiter de chacun d'eux avec plus d'étendue
que je ne l'aurois pu faire autrement ; & je me
flatte que ce que j'en ai dit suffira pour
donner une idée nette de leurs propriétés.

CHAPITRE III.

Des fourneaux, creusets, coüpelles, & autres
instrumens nécessaires aux opérations chimiques
de l'Orfévrerie.

SECTION PREMIÈRE.

Théorie générale des fourneaux.

LES fourneaux font des instrumens qui
servent à contenir le feu, c'est-à-dire, les
matières dont la combustion doit procurer
les degrés de chaleur nécessaires pour les
différentes opérations, ainsi que les substances
mêmes auxquelles la chaleur doit être appliquée.

Comme les Chimistes ont besoin de tous
les degrés de chaleur possibles, & que la
structure des fourneaux contribue infiniment
à produire les différens degrés de chaleur,
ils ont imaginé une infinité de fourneaux
de forme & de construction différentes ; mais

tous ces fourneaux peuvent se rapporter à un petit nombre de dispositions générales, dont je parlerai après avoir posé les règles théoriques de leur construction.

Le principal but qu'on se propose en construisant un fourneau, c'est qu'il produise le plus grand degré de chaleur, avec le moins de matière combustible possible, & sans le secours des soufflets. Or il faut pour cela que sa structure soit telle, qu'il se forme un courant d'air déterminé à traverser perpétuellement le foyer ; & plus ce courant d'air sera fort & rapide, plus aussi la chaleur sera considérable dans l'intérieur du fourneau.

Le grand moyen pour produire cet effet, c'est de ménager dans la partie supérieure du fourneau, un espace fermé de tous côtés, excepté par en haut & par en bas, parce que l'air contenu dans cette cavité étant raréfié & chassé par la chaleur que produisent les matières qui brûlent dans le fourneau, il se forme dans cet endroit un vide que l'air extérieur tend nécessairement à occuper, en vertu de sa pesanteur.

Le fourneau doit donc être disposé de manière que l'air extérieur soit forcé d'entrer par le cendrier, & de traverser le foyer, pour

aller remplir le vide qui fe forme continuellement, tant dans l'intérieur du fourneau, que
dans fa cavité fupérieure.

On augmentera encore beaucoup l'activité
du feu, fi le fourneau fe rétrécit par le haut,
& dégénère en un tuyau d'un moindre diamètre ; alors l'air raréfié fe trouve forcé d'accélérer confidérablement fon cours , en paffant
par cet efpace plus étroit, & furmonte avec
beaucoup d'avantage la preffion de l'air fupérieur : il fuit de là, que l'air qui s'introduit
par la partie inférieure du fourneau , pour
remplir le vide qui fe forme continuellement
dans la partie fupérieure , paffe d'autant plus
rapidement à travers le foyer , qu'il trouve
moins d'obftacle par le haut , & que par
conféquent cette difpofition du fourneau dé-
termine néceffairement un courant d'air fort
& rapide, à le traverfer de bas en haut.

Il eft aifé de fentir, d'après ce qui vient
d'être dit, que plus l'efpace où l'air fe raréfie
dans la partie fupérieure du fourneau eft
grand, & plus le courant d'air extérieur qui
eft forcé d'entrer dans le fourneau pour remplir
ce vide, eft fort & rapide, plus par conféquent le charbon qu'il contient doit brûler
avec activité. De là vient que ces fourneaux

produifent d'autant plus de chaleur, que le tuyau qui eft à leur partie fupérieure, le *tuyau d'afpiration*, eft plus long.

Mais quoique notre fourneau doive fon activité en très-grande partie au rétréciffement de fa partie fupérieure ou à fon tuyau, ce feroit cependant un grand inconvénient que ce tuyau fût trop étroit; l'expérience a appris qu'un fourneau furmonté d'un tuyau d'afpiration trop étroit, quelle que foit d'ailleurs fa longueur, ne produit prefque aucun effet, en comparaifon de celui qu'il peut produire lorfqu'il a un tuyau d'un diamètre fuffifant. Il eft même conftant que quand le tuyau d'afpiration eft trop étroit, plus il a de hauteur, moins le fourneau tire.

Il fuit de là, qu'il faut néceffairement qu'il y ait un certain rapport entre le diamètre du tuyau d'afpiration, la capacité intérieure du fourneau, & l'ouverture du cendrier. Ce rapport du tuyau doit être à celui du fourneau comme deux font à trois; c'eft-à-dire, qu'il en doit être les deux tiers, fur-tout lorfqu'on lui donne une longueur fuffifante.

A l'égard de l'ouverture du bas du fourneau, elle peut être prefque de toute l'étendue du corps même du fourneau. On peut cependant la rétrécir, si l'on veut que l'air entre dans le foyer, & frappe avec plus de rapidité & de force l'endroit auquel elle répond.

Appliquons cette théorie à la construction des fourneaux en usage dans l'Orfévrerie.

Fourneau de fusion.

Ce fourneau est une tour creuse, cylindrique ou prismatique, à laquelle il y a une porte ou principale ouverture tout en bas, qu'on appelle la *porte du cendrier*. Immédiatement au-dessus de cette porte, le fourneau est traversé horizontalement dans son intérieur, par une *grille* qui le divise en deux parties ou cavités ; la partie inférieure s'appelle *cendrier*, parce quelle reçoit les cendres qui tombent continuellement du foyer : la porte de cette cavité sert à donner entrée à l'air nécessaire pour entretenir la combustion dans l'intérieur du fourneau.

Le haut de ce fourneau est terminé par un dôme fort élevé, qu'on nomme *chappe* ; cette chappe a deux ouvertures, l'une latérale & antérieure, qui doit être grande & pouvoir se fermer exactement par une porte, & l'autre au sommet : celle-ci doit avoir la forme d'un tuyau d'un diamètre convenable, sur lequel on puisse ajuster d'autres tuyaux d'une longueur déterminée.

C'est dans le foyer, & au milieu des charbons, qu'on place les matières auxquelles on veut appliquer la chaleur; & on les y introduit par la porte de la chappe.

Cette porte de la chappe est encore destinée à y introduire le charbon : elle doit être fort large, afin qu'on en puisse jeter à la fois & promptement une bonne quantité, attendu qu'il se consume rapidement, & que pour ne point déranger le courant d'air qui traverse ce fourneau, il ne doit rester ouvert latéralement que le moins de temps qu'il est possible.

On donne à ce fourneau, dans œuvre, de huit à quinze pouces de diamètre, & deux pieds de haut. La grille se pose à la hauteur de quinze pouces ; les neuf pouces restans forment le foyer. La porte du cendrier a six pouces d'ouverture & dix pouces de hauteur. Depuis le dessus de la grille, l'intérieur doit être arrondi.

Lorsqu'un pareil fourneau a douze à quinze pouces de diamètre en dedans, qu'il est surmonté d'un tuyau d'aspiration de huit à neuf pouces de large, & de dix-huit ou vingt pieds de haut, & qu'il eſt bien ſervi, il produit une chaleur extrême; en moins de deux heures on peut y fondre tout ce qu'il eſt poſſible de fondre dans les fourneaux.

L'endroit le plus chaud de ce fourneau eſt à la hauteur depuis envion quatre pouces, juſqu'à ſix au-deſſus de la grille qui eſt au bas de ſon foyer; c'eſt pour cela qu'on fait bien d'élever les creuſets ſur une petite maſſe de terre cuite cylindrique & peu épaiſſe, nommée *fromage*, à cauſe de ſa figure; ces fromages ont encore l'avantage de préſerver le cul des creuſets des atteintes de l'air froid qui entre par le cendrier, & qui les feroit fêler.

C'eſt une opinion aſſez généralement reçue parmi les Chimiſtes, qu'on augmente beaucoup l'activité du fourneau de fuſion, quand on lui pratique un cendrier très-grand & très-haut, ou qu'on y amène l'air qui doit entrer par le bas, au moyen d'un long tuyau qui le prend à l'extérieur. L'avantage qu'on peut tirer de la première de ces diſpoſitions ſe rapporte entièrement au vide formé dans la partie ſupérieure du fourneau. A l'égard du tuyau qu'on adapte au cendrier pour y

amener l'air extérieur, il ne contribue à faire
tirer davantage le fourneau, que dans le
cas où il seroit placé dans un laboratoire
fort petit & exactement clos ; car alors l'air
de ce laboratoire étant bientôt échauffé &
raréfié, seroit moins propre à donner de l'activité au feu du fourneau, que l'air plus frais
que le tuyau dont il s'agit lui apporte de
l'extérieur.

La propriété qu'a l'eau, lorsqu'elle est réduite en vapeurs, de faire fonction d'air sur
le feu, d'exciter son activité à peu près
comme le fait cet élément, a fait imaginer
de placer au milieu du cendrier un vase
rempli d'eau bouillante : ce moyen est assez
bon, & augmente considérablement l'activité
du feu.

Je terminerai cet article par une remarque
économique sur les tuyaux qu'on adapte au
fourneau de fusion, & à tous les fourneaux
en général.

Ces tuyaux sont de tôle ; mais ils ne résistent pas long-temps, la flamme les a bientôt
percés : j'ai rémédié à cet inconvénient, en
posant immédiatemment sur le dôme un
tuyau de terre cuite, sur lequel j'adapte ensuite
ceux de tôle. Au moyen de cet arrangement,

une garniture de tuyaux m'a duré plus de six ans, fur un fourneau qui étoit employé au moins deux fois la femaine, l'une dans l'autre. J'obferverai encore que les trois premiers pieds de mes tuyaux de tôle étoient en tôle forte ou tôle double.

Les Orfévres font affez dans l'ufage d'établir un petit fourneau de fufion fur un des côtés de la paillaffe de leur forge : ce fourneau, qui leur fert principalement à l'affinage de l'argent par le nitre, eft conftruit fur les principes que nous venons de pofer ; mais comme il ne doit pas produire un grand effet, la chappe n'en eft pas furmontée de tuyaux.

Fourneaux d'effai ou de coupelle.

Le fourneau qu'on nomme *fourneau d'effai ou fourneau de coupelle*, eft de figure prifmatique quadrangulaire ; il fert principalement à faire l'effai du titre de l'or & de l'argent.

Ce fourneau eft compofé d'un cendrier, d'un foyer, & d'une chappe qui le termine par le haut en une pyramide quadrangulaire tronquée.

Le foyer de ce fourneau a deux portes antérieures ; au-deffus de la première, font placées deux barres de fer horizontalement, & parallèlement l'une à l'autre : ces barres font deſtinées à ſoutenir une *moufle*, dont l'ouverture répond exactement à celle de la ſeconde porte ; & c'eſt dans cette moufle qu'on place les coupelles. Au moyen de cette diſpoſition, le charbon entoure la moufle de toutes parts.

La chappe de ce fourneau eſt tronquée par le haut, & cela lui forme une ouverture affez grande, par laquelle on introduit le charbon.

Cette chappe ſe termine à ſon ſommet par une pièce qui dégénère en un bout de tuyau deſtiné à recevoir un tuyau d'aſpiration, propre à augmenter la chaleur au befoin.

Nota. Dans les fourneaux d'effai portatifs, de même que dans ceux de fuſion, le fond du foyer eſt percé d'une infinité de trous qui ſont office de grille, & on les ſoutient ſur des piliers ou ſur un trépied, qui, dans ce cas, leur ſert de cendrier.

De la forge.

Comme le vent du foufflet excite fortement & rapidement l'action du feu, la forge eſt très-commode lorſqu'on veut appliquer promp-

tement un très-grand degré de chaleur ; mais
elle ne vaut rien dans toutes les opérations
qui exigent que la chaleur croiffe, & ne foit
appliquée que par degrés.

On fait beaucoup d'ufage de la forge dans
les travaux qui exigent une grande chaleur,
fans qu'il foit néceffaire que cette chaleur
foit ménagée, & principalement dans les
fontes des matières métalliques. Cette efpèce
de fourneau eft très-commode pour les fufions ;
on y fond promptement & avec peu de
charbon.

Un fimple demi-cercle mobile, en fer ou
en terre cuite, fuffit pour renfermer le creufet
& le charbon, & former un fourneau dont
on augmente ou diminue le diamètre à volonté, par des demi-cercles plus ou moins
grands.

Un des grands inconvéniens de la forge,
c'eft que le vent froid du foufflet, lorfqu'il
vient à frapper le creufet en incandefcence,
eft fujet à le faire fêler : on évite autant qu'on
peut cet accident, en faifant continuellement
tomber des charbons ardens entre le creufet
& la tuyère ; mais on n'empêche pas toujours
que cela n'arrive : le grand moyen d'y rémédier, c'eft de placer dans la partie inférieure

de

de la forge, deux pouces au-deſſus du trou
de la tuyère, une plaque de fer de même
diamètre, percée, près de ſa circonférence,
de quatre trous diamétralement oppoſés. Au
moyen de cette diſpoſition, le vent du ſouf-
flet, pouſſé avec effort ſous cette plaque,
ſort en même temps par ces quatre ouvertures : cela procure l'avantage qu'il ne frappe
pas continuellement un ſeul point du creuſet ;
que, ſortant en moindre maſſe, il dérange
moins les charbons, & a le temps de s'é-
chauffer en les traverſant ; enfin, qu'il diſ-
tribue également l'ardeur du feu, & en enve-
loppe le creuſet de tous côtés.

Toutes les forges ſont recouvertes ou en
berceau ou en hotte renverſée : s'il ne s'a-
giſſoit que de préſerver les bâtimens de l'in-
cendie, qui pourroit avoit lieu ſans cette
couverture, la forme en ſeroit aſſez indiffé-
rente, il ſeroit aſſez libre à chacun de préférer celle qui lui paroîtroit la plus propre,
la plus élégante : mais ſi la conſtruction des
forges peut influer ſur la ſanté, ſur la vie
même des artiſtes, ne mérite-t-elle pas alors
la plus ſérieuſe attention ? Pour ſe convaincre
de cette dernière vérité, il ſuffira de me ſuivre
dans les détails où je vais entrer.

G

Premièrement, perfonne n'ignore les dangers de la vapeur du charbon; on fait qu'on
ne peut y refter expofé dans un endroit clos,
fans courir rifque d'en être fuffoqué. J'avoue
que les ateliers dans lefquels font établies
les forges ne reftent pas clos lorfqu'on y
fait du feu; on a grand foin d'en ouvrir les
portes & les fenêtres, & il n'eft pas néceffaire
de le recommander, le mal-aife qu'on éprouve
lorfque la forge eft bien allumée, avertit
fuffifamment de la néceffité de renouveler
l'air. Mais combien d'ateliers font difpofés
de manière qu'il n'eft pas poffible d'y admettre
l'air extérieur de façon à chaffer les vapeurs
du charbon qui y circulent? Le vrai, le feul
moyen même de produire efficacement cet
effet, eft d'établir un courant d'air, en ouvrant
deux portes oppofées. Or peut-on par-tout
fe procurer cet avantage? Repréfentons-nous
un inftant un atelier d'Orfévre, tel qu'ils
font difpofés pour la plupart, & nous verrons
qu'il s'en faut de beaucoup qu'on puiffe ainfi
y établir ce courant fi néceffaire pour enlever
les vapeurs nuifibles qui le rempliffent.

« Les Orfévres, dit l'ordonnance, ne pour-
» ront travailler ou faire travailler dans aucuns
» lieux retirés ou écartés, ailleurs que dans

» leurs boutiques, fur le devant defquelles
» leurs forges & fourneaux feront placés &
» fcellés en vue, & fur rue ».

D'après cette difpofition de l'ordonnance,
les boutiques des Orfévres leur fervent d'ateliers. Dans les provinces où les Chambres de
Monnoie tiennent la main à l'exécution de
ce réglement, la boutique eft ordinairement partagée en deux dans fa longueur ; un
côté fert à la vente des marchandifes, l'autre
fert de laboratoire. Dans ce dernier, un établi
autour duquel travaillent tous les compa-
gnons, eft placé fur froc, fous une croifée ;
la forge eft reléguée dans le fond. Telle étoit,
par exemple, la difpofition de la boutique dans
laquelle j'ai été élevé : au furplus, l'appartement
étoit fort haut, fort large, entièrement ouvert
fur froc, tant par la croifée du laboratoire
qui étoit de toute fa largeur, que par la porte
d'entrée qui étoit de toute celle de la boutique ; au fond de cette dernière étoit placée
la porte d'entrée d'une falle éclairée par une
cour. Cette diftribution des portes l'une vis-
à-vis de l'autre, donnoit, comme on le voit,
la faculté d'établir un courant d'air à volonté,
en les tenant toutes ouvertes, & néanmoins,
lorfqu'on faifoit de grandes fontes, lorfque

le fourneau d'affinage étoit allumé, l'air y
étoit à peine respirable. C'étoit bien pis lorsque, dans les longues soirées d'hiver, l'atel-
lier étoit fermé, que toute la famille étant
rassemblée dans la salle, il étoit impossible
d'en tenir les portes & fenêtres ouvertes; alors
l'air extérieur n'ayant d'autre entrée que par
la porte de la rue, qui servoit en même temps
d'issue aux vapeurs du charbon, ces dernières
ne sortoient que difficilement, & après avoir
circulé long-temps dans l'atelier; & il n'y
avoit aucun compagnon qui ne se sentît plus
ou moins gêné dans la respiration, plus ou
moins affecté de mal de tête. J'ai éprouvé
moi-même plusieurs fois ce mal-aise; & cependant, comme je l'ai déjà dit, l'appartement étoit large, élevé, la porte avoit huit
pieds & plus d'ouverture. Qu'on juge donc de
ce qui doit arriver, & de ce qui arrive effecti-
vement, lorsque la boutique ne communique
par le fond avec aucun appartement, que la
forge est placée dans un recoin, une espèce
de cul-de-four. Dans Paris, où les logemens
sont généralement plus petits, plus resserrés
que dans les villes de province, les Officiers
de la Monnoie, chargés de veiller à l'exécution de l'ordonnance, ont cru devoir un peu

relâcher de sa rigueur; ils ont permis aux Orfévres d'établir leurs forges hors de leurs boutiques, avec des précautions qui, en adouciffant l'ordonnance à cet égard, en confervent cependant l'efprit : les boutiques, en conféquence, ont été débarraffées des forges; & ces dernières, tranfportées dans d'autres appartemens moins ouverts, fouvent plus bas, n'en font devenues que plus mal-faines.

J'ai vu dernièrement un exemple des accidens auxquels font expofés ceux qui refpirent pendant un certain temps les vapeurs de la forge. Un compagnon, ayant paffé deux heures à fondre en grand, fe fentit frappé d'un mal de tête qu'il attribua à la fatigue; il continua fon ouvrage, & acheva fa journée. De retour chez lui, il lui fut impoffible de fouper; il fentoit une ardeur, un feu univerfels; il étoit dévoré d'une foif inextinguible : accablé par un mal de tête cruel, il prit le parti de fe coucher; mais il ne pouvoit trouver le fommeil. Vers minuit, il lui prit un vomiffement qui lui dura environ une demi-heure, avec des efforts terribles; enfin, après ce dernier accident, il s'endormit jufqu'au jour. Je l'ai vu le même jour à midi; il avoit encore un peu de mal de tête, il étoit étourdi,

avoit le vifage pâle & creux, les yeux enfoncés, & le corps généralement ébranlé.

Si la vapeur du charbon ne caufe pas tou-jours des accidens auffi graves, au moins eft-il certain que rien n'eft fi contraire à la fanté que de refpirer continuellement un air chargé d'exhalaifons phlogiftiques, un air prefque fans reffort; on ne fauroit douter que ce ne foit là le germe, la caufe de beaucoup de maladies qui attaquent les artiftes obligés par état de vivre au milieu de ces vapeurs meurtrières.

Le fecond inconvénient qui réfulte de la conftruction ordinaire des forges, quoique moindre que le précédent, eft cependant en-core d'une certaine conféquence.

Lorfqu'on fond l'or & l'argent, on projette du nitre dans le creufet; la quantité en eft même affez confidérable, lorfqu'on fond ces métaux en limailles, & encore plus lorfqu'on fond de vieux galons brûlés. Dans ces cir-conftances, le nitre fe décompofe, il détone, fon acide fait brûler, & brûle avec lui le phlogiftique des corps combuftible qui alté-roient la pureté de l'or ou de l'argent, qui adhéroient à leur furface, & les empêchoient de fe réunir en culot; il s'élève du creufet une fumée affez épaiffe, fort fétide, compofée des matériaux de l'acide nitreux, de l'eau du nitre, & du phlogiftique des matières com-buftibles, qui a été, non détruit, car ce prin-cipe eft indeftructible, mais enlevé, volati-lifé par l'effet de la détonation. Cette fumée, faute d'iffue, circule dans l'atelier, & in-commode, finon par fa nature, au moins par fa fétidité. Quand je dis finon par fa nature, je n'entends pas dire qu'elle foit abfolument innocente, qu'elle foit refpirable fans aucun danger, je veux feulement faire entendre qu'elle eft infiniment moins pernicieufe que la vapeur du charbon.

Dans toutes les fontes, les métaux parfaits s'affinent toujours par la deftruction que l'ac-tion du feu occafionne des métaux imparfaits qui leur étoient alliés; dans l'affinage, cet effet a encore lieu, c'eft même l'objet de cette opération: le phlogiftique des métaux qui fe détruifent ainfi, circule donc encore dans l'appartement, & augmente les qualités nuifibles de l'air qu'on y refpire.

Enfin, on a des preuves que les métaux font volatilifés en entier dans quelques cir-conftances; l'argent même, tout fixe qu'il eft, cède quelquefois à l'action du feu, ainfi que

le prouve la fuie des forges, qui contient
de l'argent, une efpèce de cadmie d'argent
qu'on y trouve fouvent en maffes affez fen-
fibles, en efpèces de ftalactites. Voilà donc
encore une troifième efpèce d'exhalaifons,
voilà des exhalaifons métalliques qui con-
courent avec les autres à altérer la pureté
de l'air.

D'après ces détails, fur lefquels la nature
de cet Ouvrage m'empêche d'infifter plus
long-temps, qui ne fentira la néceffité de
remédier à tant d'inconvéniens par une meilleure conftruction des forges? On l'a déjà
tenté plufieurs fois; mais de tous les effais
qu'on a faits, les uns, trop difpendieux, n'ont
été admis que dans les grands ateliers;
d'autres, plus fimples & à la portée de tout
le monde, n'ont point réuffi, faute d'avoir été
dirigés d'après une connoiffance exacte de la
théorie des fourneaux.

Ce n'eft qu'en adaptant à la hotte de la
forge un tuyau d'afpiration, qu'on peut parvenir efficacement, & à peu de frais, à donner
une iffue à toutes les vapeurs charbonneufes,
métalliques ou autres, qui s'élèvent pendant
les diverfes opérations qu'on fait dans ce fourneau. Ce moyen a déjà été tenté fouvent, mais

presque sans fruit; ce qui l'a fait abandonner par la plupart de ceux qui l'avoient essayé. Examinons quelles ont pu être les causes qui ont empêché ce moyen de réussir, & voyons comment il est possible d'y rémédier.

La première condition à observer, c'est de donner au tuyau d'aspiration une largeur & une longue ur suffisantes. Je ne répéterai pas ce que j'ai dit à ce sujet en traitant de la théorie générale des fourneaux, page 86 & suivantes, qu'on peut consulter à cet égard : je dirai seulement, que les tuyaux que j'ai vu adapter à quelques forges, n'étoient que des tuyaux de poële ordinaire, d'environ trois pouces de diamètre, & qu'au lieu de les prolonger à vingt pieds, comme on auroit dû le faire, on s'étoit contenté d'y en mettre un bout de trois pieds, ou deux bouts tout au plus. Or quelle proportion y a-t-il entre l'ouverture de la forge & la largeur du tuyau ?

La seconde cause qui peut encore beaucoup contribuer à empêcher l'ascension des vapeurs, dérive de la courbure de la hotte.

Pour donner de l'élégance à la forge, on donne ordinairement à la hotte renversée, qui la recouvre, une forme régulière; on l'appuie d'un côté contre le pignon du bâtiment, &

on en recourbe également les trois autres
faces. De cette difposition, il réfulte que le
foyer eft placé fous une des courbures, d'où
il fuit que les vapeurs qui s'élèvent, brifées
par cette courbure, tourbillonnent & fortent
en grande partie par l'ouverture antérieure
de la forge. Cet effet a d'autant plus lieu,
que le tuyau eft plus étroit, & l'appartement
ou plus petit ou plus clos; mais il a plus
ou moins lieu dans tous les cas. Le moyen
d'y rémédier fe préfente de lui-même; il ne
s'agit que d'élever perpendiculairement le
côté de la forge fur lequel eft placé le foyer.

C'eft d'après ces réflexions, conformes aux
principes, que je propofe de conftruire une
forge qui certainement remplira toutes mes
indications, & n'aura aucun des inconvéniens de celles qui ont été établies jufqu'ici.

Je fuppofe qu'on adoffe la forge contre
une muraille; alors, après avoir élevé les deux
côtés, on continuera à élever celui du foyer
perpendiculairement, & on abattra en hotte
le côté oppofé, ainfi que la face antérieure;
on terminera cette hotte par une ouverture
de dix à douze pouces de diamètre, arrondie
autant qu'on le pourra, & difpofée de manière à recevoir un tuyau d'afpiration, foit en

tôle, foit en terre cuite, de vingt pieds au moins d'élévation. On profitera, s'il eſt poſſible, d'un tuyau de cheminée pour élever ce tuyau d'aſpiration dans un de ſes coins ; lorſqu'on ne pourra pas ſe procurer cet avantage, ou on l'élevera juſqu'au dehors du toît de la maiſon, ou on le dévoiera en le faiſant ſortir, ſoit dans la rue, ſoit dans une cour. Au moyen de cette conſtruction, j'oſe aſſurer que telle fonte qu'on faſſe on ne reſſentira dans l'atelier aucun des inconvéniens des forges ordinaire ; toutes les vapeurs & fumées ſeront emportées à travers le tuyau ; on ne s'apercevra de la force du feu, que par la chaleur, & non par les étourdiſſemens, le mal de tête, & tous les autres accidens qu'occaſionnent les forges ordinaires.

J'ai fait exécuter une forge d'après ces principes ; le tuyau d'aſpiration n'avoit que ſix pouces : quoi que j'aye pu dire, on avoit abattu en hotte la couverture de la muraille à laquelle étoit adoſſé le foyer, & cependant, dans les fontes ordinaires, on ne ſentoit pas l'odeur du charbon ; la fumée du nitre projeté s'élevoit preſque entièrement ; ce qui en retomboit étoit peu conſidérable, mais ſuffiſant pour appuyer ma théorie : car on voyoit clairement que ce n'étoit que la courbure de la hotte qui la faifoit tourbillonner & paffer en partie par l'ouverture de la forge.

J'ai cru devoir infifter fur cet article ; je ferai très-amplement dédommagé du travail qu'il m'a couté, fi j'ai pu convaincre les artiftes des dangers auxquels les expofe la conftruction vitieufe des forges, & les déterminer à en adopter une meilleure.

Du fourneau des Fondeurs.

Le fourneau des Fondeurs eft un cylindre de fer doublé d'argile ; le vent du fouflet entre par une *tuyère* dans le cendrier, qui ferme exactement; il fe diftribue dans le corps du fourneau au travers de la grille, où par le moyen de quatre échancrures pratiquées dans la plaque de fer qui en tient lieu.

Ce fourneau eft, comme on voit, une éfpèce de forge portative. On peut, en adaptant ainfi la tuyère du fouflet au cendrier bien clos du fourneau de fufion que j'ai décrit, imiter parfaitement ce fourneau.

Des regiftres.

Les anciens Chimiftes ont donné le nom

de regiſtres à des trous qu'ils plaçoient à différens endroits du corps des fourneaux, dans
la vue de modérer ou augmenter l'action du
feu, en les tenant bouchés ou débouchés,
ſelon le beſoin. Mais ces regiſtres ne rem-
pliſſoient que très-imparfaitement l'indication
qui les avoit fait établir ; ils avoient d'ailleurs
le grand inconvénient de diſtribuer très-iné-
galement le feu dans l'intérieur du fourneau.
Plus inſtruits dans la vraie théorie de l'action
du feu, les Chimiſtes modernes les ont ſup-
primés : les portes & les tuyaux d'aſpiration
leur ſuffiſent pour régir le feu des fourneaux
à leur volonté, & bien plus efficacement
qu'on ne le peut faire à l'aide des regiſtres.

SECTION II.

*Des creuſets, coupelles, & autres inſtrumens ou
vaiſſeaux.*

Les creuſets ſont des pots de différentes   Creuſets.
formes & grandeurs, dont on ſe ſert dans
toutes les opérations de la Chimie où il s'agit
d'expoſer à l'action d'une chaleur aſſez forte,
des matières pour les fondre, les cémenter,
ou pour remplir d'autres vues.

La matière des creuſets eſt l'argile ; mais

les vases qu'on en forme ont des qualités bien différentes, suivant la pureté de l'argile, la nature & les proportions des matières hétérogènes dont elle est mêlée naturellement, ou qu'on y ajoute à dessein, & même suivant le degré de feu qu'on applique aux poteries dans leur cuite.

Les creusets fabriqués de l'argile presque pure, & qui ont reçu un degré de cuisson assez fort pour prendre la compacité & la dureté des poteries cuites en grès, sont les plus propres à soutenir le feu violent & de longue durée, & à résister en même temps à l'action des matières rongeantes & fondantes, telles que les sels & les chaux métalliques fusibles. Ce sont ceux qu'on emploie dans les verreries, & auxquels on doit donner la préférence pour la fonte des sels & pour les vitrifications. Mais ces sortes de creusets ne peuvent être chauffés ou refroidis brusquement, sans se casser : c'est pourquoi ils exigent de grands ménagemens à cet égard.

Les creusets faits avec de l'argile mêlée d'une certaine quantité de matières maigres, telles que le sable, la craie, le gypse, l'ocre, le mâche-fer, &c.; & pour la cuite desquels on n'a employé qu'une chaleur médiocre &

trop foible pour leur donner le commencement de fufion dont dépend la compacité,
ont en général affez bien la propriété de réfifter à une chaleur brufque, fans fe fendre,
fur-tout lorfqu'ils ne font pas fort grands; ils
peuvent fervir affez utilement & commodément à la fonte des métaux, parce que les
matières métalliques n'ayant point d'action
fur les terres, n'exigent pas, de la part du
creufet, autant de compacité que les fels &
les matières vitrifiantes : mais cette feconde
efpèce de creufets, auxquels font analogues
ceux qu'on fabrique ici avec l'argile de Vau-
girard, ne peuvent pour la plupart foutenir
un feu très-violent, fans fe fondre, & d'ailleurs
font trop poreux pour la fonte des fubftances
actives & pénétrantes.

Les creufets d'Allemagne, qu'on nomme
ici *creufets de Heffe*, tiennent un affez jufte
milieu entre les creufets d'argile pure cuite
en grès, & ceux de Paris, & font pour cela
d'un excellent ufage pour une infinité d'opérations.

Il nous vient auffi d'Allemagne des creufets
qu'on nomme *creufets d'ypfe*, qui ont la couleur plombée de la molybdène, & qui en
paroiffent principalement compofés; ils ont

affez de compacité, & font capables de réfifter fans accident à un feu très - long &
très - violent; mais ils ne peuvent guère fervir
que pour la fonte des métaux.

Les qualités à défirer dans les creufets, fe-
roient qu'ils puffent être rougis & refroidis
très-promptement fans fe caffer; qu'ils fuffent
capables de réfifter à la plus grande violence
du feu, fans fe fendre, ni fe bourfouffler, ni
fe fondre; enfin, qu'ils fuffent en état de
foutenir pendant long-temps l'action des matières rongeantes & fondantes, fans en être
endommagés & fans fe laiffer tranfpirer: mais
ces qualités femblent incompatibles dans une
même matière; car, à la rigueur, il n'y a
que les fubflances ductiles & malléables, tels
que les métaux, qui puiffent foutenir, fans
fe caffer, la dilatation & la condenfation
fubites qu'occafionnent dans tous les corps
l'alternative du grand chaud & du prompt
refroidiffement: mais les métaux font fufibles
ou combuftibles; il faut donc perdre l'efpé-
rance d'avoir des creufets parfaits.

Mais fi jufqu'à préfent l'on n'a pu réunir
toutes ces qualités dans une feule efpèce de
creufets, on en a obtenu du moins quelques-
unes féparément, & l'on choifit pour les
differentes

différentes opérations, les espèces de creusets qui y font les plus propres. C'est ainsi qu'on préfère les *creusets d'Ypse*, & après ceux-ci, les *creusets de Paris*, pour la fonte de l'or & de l'argent; & que les *creusets de Sesse*, comme moins poreux, font plus propres à l'affinage par le nitre, au départ concentré, & à toutes les opérations dans lesquelles on emploie des substances salines.

De la coupelle.

La coupelle est un vaisseau de terre évasé en forme de coupe plate, figure d'où lui est venu son nom.

L'usage de la coupelle est de contenir l'or & l'argent mêlés de plomb, dans les opérations de l'affinage & de l'essai, & d'absorber la litharge avec les autres matières scorifiées, à mesure qu'elles se forment dans ces opérations.

On a soin, pour cette raison, de faire les coupelles avec des terres sèches, poreuses, capables de soutenir l'action d'un feu assez fort, & celle des matières vitrifiées fondantes.

Les cendres de bois & d'os d'animaux font les plus propres qu'on ait trouvées jusqu'à présent pour les coupelles; ces cendres

H

doivent être brûlées & calcinées parfaitement, c'est-à-dire, en blancheur, en sorte qu'il n'y reste plus de principe inflammable, attendu qu'il seroit capable de ressusciter les métaux scorifiés, & qu'il occasionneroit un bouillonnement pendant l'opération. Elles doivent être aussi bien lessivées & dépouillées de toute matière saline, pour éviter qu'elles ne soient fusibles.

Pour former les coupelles, on mêle les cendres d'os ainsi préparées, avec de l'eau, pour les réduire en une espèce de pâte, à laquelle on donne ensuite la forme convenable, par le moyen d'un moule. Quelques-uns les réduisent en pâte avec un peu de bière ; on y ajoute une petite quantité d'argile, pour pouvoir les mouler plus commodément.

De la lingotière.

On enduit la lingotière de suif ou de graisse intérieurement, pour empêcher que le lingot n'y soit adhérent.

Mais il faut avoir sur-tout attention que la lingotière soit parfaitement sèche avant d'y couler le métal, parce que la moindre parcelle d'humidité seroit capable de le faire sauter en l'air avec explosion : il est bon même de la faire chauffer immédiatement avant que de s'en servir.

Matras.

Les *matras* font des bouteilles à col plus ou moins long, dont les Chimistes se servent pour faire des digestions, des macérations, & dont les Orfèvres se servent pour les diffolutions de l'or & de l'argent, dans les départs.

La forme des matras est diversifiée ; il y en a dont le ventre est sphérique, ce font les matras ordinaires; d'autres qui font applatis par le fond, on les appelle matras à cul plat; ce font ceux dont les Orfèvres se servent de préférence.

Le plus commode de tous les matras, quand on ne travaille pas sur une grande quantité de matière, est une fiole à médecine.

Les matras servent aussi souvent de récipiens; on coupe assez ordinairement le col de ceux qu'on emploie à cet usage, à deux pouces environ du corps; ils prennent alors le nom de *ballon*.

Ballon.

De la moufle.

La moufle eft un demi-cylindre en terre cuite, fermé par un bout, & dans lequel on place les coupelles, dans les opérations de l'affinage & de l'effai.

La moufle ne doit avoir aucune autre efpèce d'ouverture que celle qu'on lui pratique fur le devant; on y fait quelquefois deux trous fur les côtés, & un dans le fond; mais ces trous nuifent plus à l'opération qu'ils n'y font utiles : ils ne fervent tout au plus qu'à introduire de la cendre, & quelquefois même des fragmens de charbon embrafé, fous la moufle & dans les coupelles; ce qui ne peut que nuire au fuccès de l'opération. Ces trous font encore un refte de l'ancien ufage des regiftres, qu'il faut fupprimer.

S E C T I O N I I I.

Des poids d'effai.

Comme il feroit incommode & même difpendieux de faire l'effai fur une grande maffe d'or & d'argent, on a inventé, pour expliquer les degrés de fineffe de ces métaux, des poids imaginaires, appelés *deniers* pour l'argent, & *karats* pour l'or.

Des deniers.

Les deniers font donc des parties fictives, dans lesquelles on suppose divisée une masse d'argent quelconque, pour en spécifier le degré de fin, ou le titre.

On suppose la masse d'argent dont on veut exprimer le titre, composée de douze parties égales qu'on nomme *deniers*; & si l'argent est absolument fin & ne contient aucun alliage, alors les douze parties de la masse sont toutes d'argent pur ; & cet argent se nomme de l'argent à douze deniers. S'il y a dans la masse d'argent un douzième d'alliage, elle ne contient par conséquent, dans ce cas, qu'onze parties d'argent pur ; & cet argent se nomme de l'argent à onze deniers, & ainsi de suite.

Pour être en état d'exprimer d'une manière plus précise le titre de l'argent, chaque denier se subdivise en vingt-quatre parties égales, qu'on nomme *grains*, & qui ne sont pas, comme on le voit, des grains de poids de marc, mais des parties ou fractions du denier, des grains fictifs par conséquent, comme le denier est lui-même un poids imaginaire.

Il faut observer, au sujet de ces deniers, que les essayeurs nomment aussi denier un

H iij

poids de vingt-quatre grains réels, ou le tiers d'un gros. Mais les grains du denier de fin font fictifs & proportionnels, de même que ce denier, & se nomment *grains de fin*.

Du karat.

Le poids fictif pour déterminer le titre de l'or, est différent de celui de l'argent, & se nomme *karat*. Une masse quelconque d'or, supposée parfaitement pur, se divise idéalement en vingt-quatre parties ou karats : cet or pur est par conséquent de l'or à vingt-quatre karats. S'il contient un vingt-quatrième de son poids d'alliage, il n'est qu'à vingt-trois karats, & ainsi de suite.

Pour la plus grande précision, le karat de l'or se divise en trente-deux parties, qui n'ont d'autre nom que celui de *trente-deuxièmes de karat*. Ces trente-deuxièmes font des poids proportionnels & relatifs, comme le karat lui-même.

En France, le poids réel ou de *femelle* qui est ordonné pour l'or, est de vingt-quatre grains poids de marc. Ce poids représente par conséquent, ou plutôt réalise les vingt-quatre karats ; chaque karat devient par-là un grain réel ; chaque trente-deuxième de karat devient un trente-deuxième de grain.

On tolère cependant que les essayeurs ne prennent que douze grains & même six, pour leur poids de semelle ; mais la justesse & la sensibilité de leurs balances doivent être bien plus grandes pour des poids aussi petits que ceux des fractions d'un poids principal de semelle, qui est lui-même si petit.

Nota. Le poids de semelle pour l'argent est aussi de vingt-quatre grains poids de marc : chaque denier est donc de deux grains réels, & chaque grain fictif se trouve par conséquent équivaloir à un douzième de grain.

CHAPITRE IV.

Des substances métalliques.

SECTION PREMIÈRE.

Propriétés générales des substances métalliques.

JE comprends ici sous le nom général de métal, non seulement les métaux proprement dits, mais encore les demi-métaux, qui tous ont les propriétés métalliques essentielles.

Les substances métalliques forment une classe de corps peu nombreuse, de la plus grande importance dans le Arts, dans la Chimie, dans presque tous les usages de la vie. Ces subftances ont des propriétés très-marquées, par lesquelles elles diffèrent totalement de tous les autres corps de la nature.

Ces propriétés qui caractérisent les métaux, sont,

1°. Leur pesanteur spécifique, qui est beaucoup plus considérable que celle d'aucun autre corps, même des terres & des pierres, qui sont les substances naturelles les plus pesantes après elles. Un pied cube de marbre pèse deux cent cinquante-deux livres; un pied cube d'étain, le plus léger des métaux, pèse cinq cent seize livres; un pied cube d'or pèse treize cent quarante-huit livres une once & quarante-huit grains.

2°. Leur brillant métallique, qui est différent du brillant de tout autre corps, & qui leur donne la propriété de réfléchir infiniment plus de rayons de lumière que ne le peut faire aucun autre : de là vient que les métaux dont les surfaces sont polies, forment des miroirs qui représentent les images d'une manière infiniment plus vive que toute autre matière; & de là vient que les miroirs de glace ne produisent leur effet qu'autant qu'ils font étamés : ainsi, les miroirs de glace ne font, dans la réalité, que des miroirs métalliques.

3°. Leur opacité, qui est si parfaite, que, si mince que soit une lame de métal, on ne voit jamais le jour à travers.

4°. Leur densité, qui est la cause de leur pesanteur & de leur opacité, comme leur brillant dérive de la réunion de cette dernière propriété avec la première.

5°. Leur dureté, qui est moindre que celle des pierres vitrifiables.

6°. Leur malléabilité, genre de ductilité qui leur est particulier, & en vertu duquel ils cèdent à l'action du marteau.

7°. Leur ténacité, qui est plus grande que celle d'aucun autre corps.

8°. Enfin leur fusibilité, qui est infiniment plus grande que celle des terres & des pierres, si on en excepte la platine.

Toutes les substances métalliques sont solubles immédiatement par les acides ; mais ces derniers ne les dissolvent pas toutes indifféremment ; au contraire, chacune d'elles semble avoir parmi eux son dissolvant propre.

Les métaux s'unissent tous en général les uns avec les autres, & forment différens alliages, qui ont tous des propriétés particulières.

Ils ne se mêlent point par la fusion avec aucune substance non métallique, pas même avec leur propre terre ou chaux.

Ils s'unissent en général avec le soufre, & forment avec lui des composés qui ressemblent beaucoup à leurs mines, qui ne sont pour la plupart que des combinaisons de métal & de soufre faites par la nature.

Il en est de même de l'arsenic, qui s'unit par la fusion, ou se trouve naturellement combiné avec une grande partie des substances métalliques.

Les métaux ont beaucoup d'affinité avec le phlogistique, & peuvent s'en charger par surabondance.

Les substances huileuses paroissent avoir de l'action sur tous les métaux; il y en a même quelques-uns qu'elles dissolvent entièrement.

Mais toutes les substances métalliques ne possèdent pas dans le même degré toutes ces propriétés. Quelques-unes, par exemple, manquent de ductilité & de ténacité; cependant comme elles acquièrent ces qualités par leur alliage avec celles qui en jouissent, ce

que ne fait aucun corps d'un autre genre ;
il demeurera toujours vrai que, fi elles en
font privées, elles font au moins fufceptibles
de les acquérir, & conféquemment que ces
propriétés appartiennent aux fubftances métalliques en général. Le zinc, par exemple,
eft un demi-métal qui n'eft point malléable ;
il le devient par fes combinaifons avec le
cuivre, qui forment le laiton & les fimilors :
le régule d'antimoine, le bifmuth, alliés à
l'étain, n'enlèvent point à ce métal fa ducli-
lité. Au contraire, l'or & l'argent, qui font
les plus malléables des métaux, perdent de
cette qualité lors même qu'on les allie entre
eux.

On pourroit en dire autant du fon : quelques fubftances métalliques font fonores, &
d'autres ne le font point, mais font fufceptibles de le devenir par leurs alliages.

Il n'en eft pas de même de la fixité ; quelques-unes font abfolument fixes & indeftructibles au feu le plus violent ; d'autres y perdent
une partie de leur phlogiftique, s'y calcinent,
& ont néanmoins un certain degré de fixité ;
d'autres enfin perdent auffi leur phlogiftique
lorfqu'on les expofe au feu à l'air libre, &
fe volatilifent fi on les y expofe dans des

vaiſſeaux clos ; ce qui les diſtingue en trois claſſes ; ſavoir,

Métaux parfaits.

1°. Les métaux parfaits, qui poſſèdent toutes les propriétés que nous venons d'expoſer, c'eſt-à-dire, la peſanteur, l'opacité, la ductilité, la fuſibilité, & ſur-tout la fixité au feu, l'indeſtructibilité. Cette dernière propriété eſt la ſeule qui caractériſe cette première claſſe : en effet, l'or, par exemple, que nous regardons comme le plus parfait des métaux, eſt bien le premier en peſanteur, ductilité, & ténacité ; mais il n'eſt que le cinquième pour la fuſibilité, le ſixième pour la dureté : l'argent le cède en peſanteur au plomb ; en fuſibilité, à ce dernier métal & à l'étain ; en ténacité & en dureté, au fer : l'indeſtructibilité eſt donc le ſeul caractère diſtinctif de cet ordre de métaux.

Les métaux parfaits ſont, l'or, la platine, & l'argent.

Pluſieurs Chimiſtes mettent le mercure dans cette claſſe, dont il poſſède en effet les propriétés ; mais ſa volatilité en a déterminé d'autres à en faire une claſſe à part.

Métaux imparfaits.

2°. La claſſe ſuivante comprend les ſubſtances métalliques qui approchent le plus des métaux parfaits ; ils n'en diffèrent qu'en ce qu'ils ne font point indeftructibles, qu'ils perdent leur phlogiftique, & fe réduifent en chaux lorfqu'on les tient expofés au feu à l'air libre; ce qui les a fait nommer métaux imparfaits.

On compte quatre de ces métaux, le cuivre, le fer, l'étain, & le plomb.

3°. Les demi-métaux ont bien la pefan- Demi-mé-
teur, l'opacité, la fufibilité des autres fubf- taux.
tances métalliques; mais ils ne font point malléables, & font volatils.

Les demi-métaux font au nombre de cinq; favoir, le régule d'antimoine, le régule d'ar-fenic, le bifmuth, le zinc, le cobalt.

On a découvert depuis peu deux nouvelles fubftances demi-métalliques, le nickel & le régule de manganèfe; mais on n'eft pas en-core bien affuré fi ce font vraiment deux demi-métaux particuliers, ou fi ce ne font pas plutôt des alliages métalliques.

Toutes les fubftances métalliques prennent, lorfqu'elles font en fufion, une forme con-vexe, & criftallifent fous des figures régu-lières & conftantes, par le refroidiffement.

S E C T I O N I I.

Des propriétés particulières à quelques substances métalliques.

Après avoir traité, dans la section précédente, des propriétés générales des substances métalliques, j'ai cru qu'il étoit nécessaire, pour faciliter l'intelligence de ce que j'ai à dire sur l'alliage de quelques-unes d'entre elles avec l'or & l'argent, ainsi que sur les moyens de les en séparer, d'exposer ici, le plus succinctement possible, celles de leurs propriétés qui se prêtent ou s'opposent à cette séparation ; & celles qui l'opèrent. Enfin j'ai pensé qu'il étoit à propos de faire connoître au moins les caractères principaux des métaux qui entrent dans ces alliages, soit qu'on les y fasse entrer à dessein, soit qu'ils s'y rencontrent par hasard.

Du cuivre.

Le cuivre est un métal imparfait, d'une couleur rouge éclatante.

Il est plus dur, plus élastique, plus sonore, mais un peu moins ductile que l'argent.

Pefé à la balance hydroſtatique , il perd entre un huitième & un neuvième de ſon poids.

Il a une ſaveur & une odeur très-marquées, & déſagréables.

Il eſt de très-difficile fuſion, & demande, pour être bien fondu, un degré de chaleur violent, & capable de le faire rougir à blanc.

Expoſé à l'action du feu à l'air libre, il fume, ſe brûle, ſe détruit, & ſe calcine. Il communique à la flamme de belles couleurs vertes & bleues.

Le nitre le calcine très-bien, mais ſans beaucoup de détonation.

Le ſoufre & le foie de ſoufre ont beaucoup d'action ſur lui.

Le cuivre reçoit une grande altération de l'action combinée de l'air & de l'eau; il ſe couvre d'une rouille verte, qu'on nomme vert de gris, & qui eſt du cuivre en partie décompoſé, privé d'une partie de ſon phlogiſtique.

Tous les acides le diſſolvent facilement, & toutes les diſſolutions de ce métal ſont bleues ou vertes.

Les alkalis fixes & volatils, & toutes les

fubftances falines, ainfi que toutes les fubftances huileufes, le diffolvent.

Quelques fubftances métalliques ont plus
d'affinité que lui avec les acides, & le précipitent de fes diffolutions : le fera principalement cette propriété.

Enfin le cuivre s'allie, par la fufion, avec
tous les métaux & demi-métaux.

De l'étain.

L'étain eft un métal d'une couleur blanche,
approchante de celle de l'argent, mais plus
fombre & un peu moins blanche.

Il eft, après le plomb, le plus mou, le
moins élaftique, & le moins fonore des métaux.

Il perd dans l'eau un feptième de fon
poids.

Il a, comme tous les métaux imparfaits,
de la faveur & de l'odeur.

Il eft beaucoup moins duftile que les
métaux plus durs que lui; il l'eft cependant affez pour s'étendre en feuilles très-
minces.

L'étain eft très-fufible, & fe fond beaucoup
avant de rougir.

Expofé

Exposé au feu à l'air libre, il se fond, &
il se forme à sa surface, tant qu'il est fondu,
une poudre grise, qui est une vraie chaux
d'étain, connue dans les Arts sous le nom
de cendre d'étain. Cette chaux perd, par la
calcination, de plus en plus son phlogistique,
& acquiert une couleur d'autant plus blanche
qu'elle a été plus calcinée. On la nomme
alors potée d'étain. La potée d'étain acquiert
une dureté si considérable, qu'elle est en état
de polir les métaux & les pierres précieuses.

Cette chaux d'étain est une des substances
les plus réfractaires ; elle n'est point vitrifiée
par celle de plomb, comme on le voit par
l'émail blanc, dans la composition duquel
elle entre, & qui lui doit sa couleur.

Le nitre projeté sur l'étain en fusion &
un peu rouge, détone avec une flamme
vive ; l'étain se trouve réduit en une chaux
très-blanche.

Le soufre s'unit très-bien à l'étain par la
fusion ; il résulte de ce mélange une masse
aigre & cassante, de plus difficile fusion que
l'étain pur.

L'étain reçoit moins d'altération de l'action
combinée de l'air & de l'eau, que n'en reçoit le cuivre. Sa surface se ternit à la vérité,

I

promptement à l'air ; mais l'efpèce de rouille légère qui s'y forme, refte mince & fuperficielle, & ne fait pas les mêmes progrès que celle du cuivre.

Tous les acides diffolvent ce métal ; mais l'acide marin eft celui qui le diffout avec plus de facilité : l'étain a même plus d'affinité avec cet acide, que n'en ont plufieurs autres fubftances métalliques : fi on le traite avec le fublimé corrofif, par exemple, il s'empare de l'acide marin de ce fel, & en fépare le mercure.

L'étain s'allie, par la fufion, à toutes les fubftances métalliques, le fer feul excepté, & leur fait perdre leur duɛtilité en tout ou en partie, fuivant les proportions ; & ce qu'il y a de plus remarquable à ce fujet, c'eft que les métaux les plus duɛtiles, tels que l'or & l'argent, font ceux dont l'étain détruit le plus facilement la duɛtilité : un feul grain d'étain, la vapeur même de ce métal, eft capable d'aigrir & de rendre caffante une quantité d'or confidérable.

Du fer.

Le fer eft le plus dur de tous les métaux, le plus élaftique, le plus difficile à fondre après la platine.

Il eſt le plus léger après l'étain ; il perd dans l'eau entre un ſeptième & un huitième de ſon poids.

Le fer eſt aſſez ductile pour être tiré en fils auſſi fins que des cheveux.

Ce métal eſt de très-difficile fuſion.

Expoſé au feu avec le contact de l'air, ſon phlogiſtique ſe brûle ; il laiſſe même paroître, ſi on le chauffe juſqu'au rouge blanc, une flamme très-lumineuſe ; il ſe détruit & ſe réduit en chaux de différentes couleurs, depuis le noir juſqu'au rouge de carmin.

Le fer détone avec le nitre, & produit des étincelles vives & brillantes. Après cette détonation, le fer eſt calciné & privé de ſon phlogiſtique.

L'action combinée de l'air & de l'eau convertir promptement ſa ſurface en une rouille ou chaux privée de preſque tout ſon phlogiſtique : cette rouille le pénètre, le ronge, & le détruit entièrement avec le temps.

Tous les acides le diſſolvent : ſa diſſolution par l'acide vitriolique fournit, par évaporation & refroidiſſement, le ſel connu ſous le nom de vitriol vert, vitriol de mars, couperoſe verte.

Ce métal s'allie à toutes les ſubſtances

métalliques, à l'exception du mercure & du plomb.

Enfin le foufre s'unit au fer, & augmente confidérablement la fufibilité de ce métal : fi l'on applique une bille de foufre à un dès bouts d'une barre de fer rouge à blanc, l'une & l'autre coulent en larmes ardentes.

Le fer eft la feule fubftance connue dans la nature, qui foit attirable par l'aimant, & qui puiffe acquérir la vertu magnétique. Cette propriété fert à le faire reconnoître dans des mélanges où il eft d'ailleurs peu fenfible, & même à le féparer, lorfqu'il n'eft qu'interpofé avec d'autres corps, & point adhérent.

Du mercure.

Le mercure, ou vif-argent, a la pefanteur fpécifique, l'opacité, le brillant métallique, & l'indeftructibilité des métaux parfaits: mais il en diffère en ce qu'il eft volatil & s'élève en vapeurs de même que les liqueurs, & principalement en ce qu'il eft toujours fluide.

Le mercure eft, après l'or & la platine, la plus pefante des fubftances métalliques ; il ne perd dans l'eau qu'environ un quinzième de fon poids. Un pied cube de mercure pèfe neuf cent quarante-fept livres.

Le feu ne lui occafionne aucune altération ; il n'éprouve aucun changement par une chaleur qui n'excède point celle de l'eau bouillante ; il fe forme feulement à fa furface un peu de poudre grife, qui n'a befoin que d'une fimple trituration pour reparoître fous fa forme de mercure coulant. Si on l'expofe à un degré de chaleur fupérieur, & à peu près double de celui de l'eau bouillante, alors il fe réduit en vapeurs & fe diffipe ; mais fans qu'il ait éprouvé la moindre altération. Boerrhaave en a diftillé une certaine quantité cinq cents fois, fans qu'il ait fubi le moindre changement. Si on ne donne que le jufte degré de feu qu'il peut fupporter fans fe volatilifer, alors il fe change en une poudre rouge.

On fe fert avantageufement, comme nous le verrons, de la volatilité du mercure, pour le féparer de l'or & de l'argent, avec lefquels on l'a amalgamé pour divers ufages.

Ce métal n'éprouve aucune altération par l'action combinée de l'air & de l'eau ; il ne fe couvre d'aucune rouille ; mais fa furface fe charge jufqu'à un certain point de l'humidité de l'air : lorfqu'il y refte expofé quelque temps, il s'humecte ; & fi on le fait couler

dans une affiette de faïence ou dans une cap-
fule de verre, au lieu de rouler en une feule
maffe, il laiffe des traînées, ce qui s'appelle
faire la queue. Sa furface fe charge auffi de
beaucoup de pouffière, & femble même l'attirer : fi on le laiffe à découvert dans un lieu
où il n'y ait aucune pouffière apparente, on
trouve en peu de temps fa furface ternie par
des pouffières.

Il s'unit très-facilement au foufre, foit par
la fufion, foit par la fimple trituration : dans
le premier cas, le compofé qui réfulte de
fa combinaifon avec le foufre, porte le nom
de *cinabre*; & c'eft fous cette forme qu'on
le trouve plus ordinairement dans le fein de
la terre ; d'où vient à ce métal le nom de
mercure revivifié du cinabre.

Tous les acides le diffolvent, mais avec
plus ou moins de facilité : l'acide nitreux eft
celui qui le diffout le plus facilement ; &
l'acide marin forme avec lui le fublimé corrofif.

Le mercure s'allie avec la plupart des
métaux, & forme avec eux des efpèces de
pâtes, auxquelles on a donné le nom d'*amalgame*.

Il s'unit au plomb, par l'intermède du

bifmuth, de manière qu'il en réfulte un amalgame qui a toute la fluidité du mercure, &
qui paffe à travers le chamois & les linges
les plus ferrés ; on peut l'allier ainfi à la
moitié de fon poids de plomb : on abufe Mercure falfifié.
quelquefois de cette propriété, pour le falfifier. Mais le mercure ainfi altéré eft aifé à
reconnoître par fa pefanteur fpécifique, qui
eft moindre que lorfqu'il eft pur ; à ce qu'il
fait la queue, & qu'il noircit les doigts

Le mercure, comme tous les autres corps
volatils, furmonte avec explofion les obftacles
les plus forts, lorfque fes vapeurs n'ont pas
la liberté de s'échapper ou de fe condenfer
quand il eft échauffé. Il fait encore explofion comme l'eau, lorfqu'on le jette fur les
métaux en fufion, parce qu'il entre alors
fubitement en expanfion dans toute fa maffe.

Lorfque le mercure eft fali par la pouffière,
on le paffe à travers un linge ferré ou une
peau de chamois.

Lorfqu'il eft altéré par le mélange de quelques fubftances métalliques, fi elles font en
petite quantité, on le triture avec le fel marin
& le vinaigre, qui diffolvent les fubftances
métalliques ; mais fi elles y font en grande

quantité, alors on eft obligé d'avoir recours à la diftillation.

Du plomb.

Le plomb nouvellement fondu reffemble affez à l'étain; mais il eft plus noirâtre.

Ce métal eft peu fonore, le plus mou & le moins élaftique de tous les métaux, & auffi le moins malléable & le moins tenace; c'eft enfin le métal le plus imparfait.

De même que tous les métaux imparfaits, le plomb a une faveur & une odeur particulières.

C'eft, après l'or, la platine, & le mercure, la plus pefante des fubftances métalliques. Il ne perd dans l'eau qu'entre un onzième & un douzième de fon poids.

Il eft très-fufible, & fe fond bien avant que de rougir.

Auffi-tôt qu'il eft fondu, il fe calcine; fa furface fe recouvre continuellement d'une cendre ou chaux grife, affez femblable, pour le coup-d'œil, à celle de l'étain, mais qui en diffère effentiellement, en ce que fi on continue à la calciner, au lieu de devenir de plus en plus blanche, elle prend une

couleur jaune qui paffe par diverfes nuances
jufqu'au rouge.

La chaux d'étain eft, comme nous l'avons
vu, une des fubftances les plus réfractaires;
celle de plomb au contraire eft, de toutes les
chaux métalliques, la plus fufible, celle qui
fe change le plus facilement en verre. Ce
verre eft fi fluide & fi actif, qu'il s'échappe,
comme l'eau, à travers les creufets le plus
compacts. Le plomb, en fe vitrifiant ainfi,
vitrifie avec lui toutes les chaux des métaux
imparfaits & des demi-métaux, celle d'étain
feule exceptée, & les entraîne avec lui à travers
les pores des creufets : c'eft fur cette propriété
qu'eft fondé l'art de la coupellation.

Le plomb fe ternit promptement par l'action combinée de l'air & de l'eau; il fe forme
à fa furface une petite rouille grife & fort
légère, qui le décompofe & le détruit, moins
promptement cependant que le cuivre & le
fer ne font ainfi détruits par leur rouille.

Tous les acides le diffolvent; il préfente
avec eux des phénomènes affez femblables
à ceux que nous verrons que préfente l'argent, traité avec les mêmes acides.

Il s'allie avec toutes les fubftances métalliques, le fer feul excepté, avec lequel il refufe opiniâtrement tout alliage.

Enfin il s'unit facilement au foufre par la fufion, & il détone avec le nitre.

Argent dans le plomb. Le plomb eft rarement pur ; il contient ordinairement de l'argent ; ce qui rend quelquefois les effais infideles, comme je le dirai en traitant de l'effai.

Cuivre dans le plomb. Je démontrerai auffi, en traitant de la révivification de l'argent de la lune cornée, qu'il n'y a point de plomb qui ne contienne plus ou moins de cuivre.

Avantage du bifmuth fur le plomb, pour l'effai. Ce défaut de pureté du plomb a fait préférer le bifmuth à ce métal par plufieurs Chimiftes ; le bifmuth, en effet, jouit de toutes les propriétés qui rendent le plomb propre à l'effai & affinage de l'argent & de l'or, & il a fur lui l'avantage d'être plus pur, de n'être point altéré par le mélange de l'argent (1)

---

(1) M. Sage, dans fon Art d'effayer l'or & l'argent, dit qu'il a retiré un gros vingt-quatre grains d'argent par quintal de régule de bifmuth qu'il a effayé : mais cette quantité eft fi petite, qu'elle ne fauroit influer en rien fur la juftefte des effais. Le bifmuth que M. Sage a effayé ne contient prefque pas plus d'argent que le plomb le plus pauvre, appelé plomb gueux : ce demimétal l'emporte fur le plomb, en ce qu'il ne contient pas de cuivre.

ou du cuivre ; il paroît donc plus propre
que ce métal, au moins aux expériences délicates où il s'agit de déterminer précisément
les degrés de fin d'une maffe d'or ou d'argent, & d'obtenir ces métaux parfaits, fcru-
puleufement exempts de l'alliage du cuivre.

Du régule d'antimoine, & de l'antimoine.

Comme l'antimoine fert à la purification
de l'or, je ne puis me difpenfer de faire connoître fes principales propriétés, ou plutôt
celles de fa partie métallique, de fon régule.

Le régule d'antimoine eft un demi-métal de
couleur blanche brillante, difpofé par lames
appliquées les unes fur les autres.

Ce demi-métal eft médiocrement dur, n'a,
comme tous les demi-métaux, aucune ductilité, & fe brife en fragmens fous les coups
du marteau.

Il fe fond à une chaleur très-modérée, &
auffi-tôt qu'il commence à rougir.

Si on le chauffe modérément, il fe calcine
& fe convertit en une chaux d'abord grife,
& qui paffe, par diverfes nuances, jufqu'au
blanc.

Mais fi on le chauffe fortement, il fume
& fe diffipe en vapeurs, parce qu'il eft demi-

volatil, comme le font tous les demi-métaux.

Le nitre détone avec le régule d'antimoine,
& accélère beaucoup fa calcination, comme
il le fait à l'égard de tous les métaux imparfaits.

Le foufre combiné avec le régule d'antimoine, forme *l'antimoine* : c'eft fous cette
forme qu'on le trouve ordinairement dans la
terre.

L'antimoine eft de couleur grife noirâtre,
& arrangé par aiguilles brillantes.

Il eft compofé de parties égales de foufre
& de régule d'antimoine.

Les fubftances métalliques dont je viens
d'expofer les principales propriétés, étant les
feules qu'on a coutume d'allier avec l'or &
l'argent, ou qui fe trouvent naturellement
alliées avec ces métaux parfaits, les feules
enfin dont j'aurai occafion de parler dans le
cours de mes explications fur la théorie des
diverfes opérations qui font l'objet de ce
Traité ; je ne parlerai d'aucune des autres, à
l'exception néanmoins de la platine, fur laquelle je vais jeter un coup-d'œil rapide.

De la platine.

La platine tire fon nom du mot efpa-
gnol *platina*, qui fignifie, en françois, petit
argent : comme elle a beaucoup de propriétés
communes avec l'or, on la nomme auffi *or
blanc*.

C'eft dans les mines d'or de l'Amérique
Efpagnole, & en particulier dans celles de
Santafé, près de Carthagène, qu'on a trouvé
la platine.

Ce métal fe trouve dans les mines en petits
grains anguleux, dont les angles font un peu
arrondis, d'une couleur métallique blanche,
livide, affez peu éclatante, qui tient du blanc
de l'argent & du gris du fer; en forte qu'au
premier coup-d'œil elle reffemble affez à de
la groffe limaille de fer : ces grains font affez
liffes, & doux au toucher, duffiles pour la
plupart.

La platine égale prefque l'or en pefanteur
fpécifique; comme lui, elle n'a aucune faveur ni odeur; elle n'éprouve aucune altération de l'action combinée de l'air & de
l'eau, & ne fe rouille pas; elle eft indeftructible par l'action long-temps continuée du

feu le plus fort ; elle réfifte, comme lui, à l'action de tous les acides fimples, & ne cède qu'à celle de l'eau régale ; elle foutient de même l'opération de la coupelle ; & enfin le foufre ne l'attaque point, & le foie de foufre la diffout.

Toutes ces propriétés de la platine font, comme nous le verrons, celles de l'or ; mais elle en diffère en ce qu'elle eft prefque infufible, & par quelques autres propriétés qui n'ont aucun trait avec nos opérations, & qu'il ne m'importe pas par conféquent de faire connoître.

Quoiqu'infufible tant qu'elle eft feule, la platine fe fond cependant à l'aide des métaux avec lefquels on l'allie : parties égales d'or & de platine fondus enfemble à un feu violent, forment un alliage qui coule librement dans la lingotière ; une partie de platine & quatre parties d'or fe fondent encore plus facilement. Je traiterai plus en détail de l'alliage de l'or avec la platine, dans le chapitre fuivant.

SECTION III.

Des régles générales de l'alliage des subfances
métalliques.

Le nom d'alliage eft employé, en Chimie,
pour défigner l'union des différentes matières
métalliques les unes avec les autres, par la
fufion ou par l'amalgame.

L'alliage de deux métaux eft un nouveau
compofé qui, fuivant la règle générale, doit
participer des métaux qui le compofent; ce
qui n'eft cependant pas rigoureufement vrai
dans tous les alliages; car l'or allié à l'argent,
par exemple, ne devient pas foluble par l'eau-
forte : quelques-unes des propriétés des métaux qui forment un alliage, font même aug-
mentées ou diminuées par cette union : la
ductilité d'un métal compofé de deux ou
plufieurs métaux, eft communément moindre
que celle des mêmes métaux lorfqu'ils font
feuls; un mélange d'or & d'argent eft moins
ductile que chacun de ces métaux ne l'eft
féparément : l'or devient aigre avec l'étain,
qui lui même eft très-ductile.

La pefanteur fpécifique des métaux change
auffi dans leurs alliages; quelquefois elle eft

moyenne entre celle des métaux qui les compofent; quelquefois elle eft moindre; fouvent
elle eft plus grande.

On peut dire auffi la même chofe de la
couleur des fubftances métalliques alliées les
unes avec les autres; elle ne répond pas
plus exactement aux propriétés du mixte.

L'alliage augmente la fufibilité des fubftances métalliques; cette règle eft générale:
la platine, qui eft infufible tant qu'elle eft feule,
entre en fufion lorfqu'on la mêle avec l'or,
avec l'argent, avec le plomb, &c.

Les alliages des métaux font ou naturels
ou artificiels. Les premiers font ceux qui
font faits par la nature, tels que font la plupart des minéraux, qui contiennent tous plufieurs métaux alliés les uns avec les autres:
l'or natif eft toujours plus ou moins allié
d'argent; l'argent natif contient auffi toujours
plus ou moins d'or. Les alliages artificiels
font ceux qu'on fait exprès de plufieurs métaux les uns avec les autres, pour différens
ufages.

Je parlerai des divers alliages de l'or & de
l'argent, & de leurs ufages dans l'Orfévrerie,
lorfque je traiterai particulièrement de chacun
de ces métaux.

Section

SECTION IV.

De la foudure.

On nomme foudure, un alliage métallique, & quelquefois un métal très-fufible, au moyen duquel on joint, d'une manière folide, des pièces métalliques les unes avec les autres.

Tout l'art de fouder eft fondé, 1°. fur le principe général que nous avons pofé, qu'il n'y a que les fubftances métalliques, & dans leur état de plus parfaite métalléité, qui puiffent s'unir complètement entre elles ; & l'on en peut déduire facilement la raifon de toutes les pratiques des différentes efpèces de foudure.

2°. Comme le métal à fouder ne doit pas être fondu, & qu'il faut qu'il y ait fufion au moins d'une des fubftances métalliques qu'on veut unir, il faut néceffairement que le métal ou l'alliage métallique qui doit fervir de fou-dure, foit plus fufible que le métal à fouder.

3°. Nous venons de voir dans la fection précédente, que l'alliage augmente beaucoup la fufibilité des fubftances métalliques : c'eft à cette propriété que font dues toutes les fou-dures qu'on emploie dans l'Orfévrerie. La foudure de l'or eft un alliage d'or & d'argent,

Soudure de l'or & de l'argent.

K

ou d'argent & de cuivre ; celle de l'argent, un alliage d'argent & de cuivre. Les proportions varient felon le degré de fufibilité dont a befoin.

4°. Quelque fufible que puiffe être la foudure qu'on emploie, on en accélère encore la fufion, en y faupoudrant du borax.

5°. Lorfqu'on a à fouder des bijoux qu'il n'eft pas poffible d'expofer à l'action du feu, pas même à celle du chalumeau, on les foude à l'étain.

6°. Excepté pour l'or & l'argent qui ne fe calcinent point, mais dont les furfaces qu'on veut fouder doivent néanmoins être nettoyées de toutes parties hétérogènes, il faut abfolument racler jufqu'au brillant celle de tous les métaux qu'on veut fouder, fans quoi la foudure ne s'y attacheroit point, en conféquence du principe général que j'ai pofé en tête de cette fection.

SECTION V.

De l'amalgame.

L'alliage du mercure avec les métaux, connu fous le nom d'amalgame, fuit les règles de tous les alliages métalliques ; mais il a

quelques propriétés qui lui font particulières.

Le mercure ne peut, ainfi que tous les
autres métaux, contracter aucune union avec
les chaux métalliques; mais il s'allie plus ou
moins facilement avec prefques toutes les
fubftances métalliques.

Comme le mercure eft habituellement
fluide, & qu'il fuffit, pour la plupart des combinaifons, qu'un des deux corps qui doivent
s'unir foit liquide, il s'enfuit qu'on peut
amalgamer le mercure avec la plupart des
fubftances métalliques, fans le fecours du
feu.

Il y a en général deux moyens de faire
les amalgames; le premier à froid & par fimple
trituration; & le fecond, par la fufion du
métal avec lequel on veut unir le mercure,
& dans lequel, lorfqu'il eft fondu, on en
mêle la quantité qu'on juge à propos.

Le mercure, en s'uniffant aux métaux, les
rend en général friables, & capables de fe
réduire prefque en poudre, quand il n'eft
qu'en petite quantité; s'il eft en quantité plus
grande, il les réduit en maffes pétriffables,
en une efpèce de pâte.

L'or, & après lui l'argent, font les métaux

avec lefquels le mercure s'unit le plus facilement. Il fuffit que le mercure foit légèrement frotté fur un morceau d'or ou d'argent,
ou qu'il féjourne quelque temps dans un
vafe formé de l'un de ces métaux, pour qu'il
les diffolve. Si c'eft une pièce d'or, par
exemple, on obferve que l'endroit qui a été
touché par le mercure devient blanc comme
de l'argent; & fi la pièce d'or eft mince, elle
n'a plus de confiftance en cet endroit, & fe
brife avec la plus grande facilité. Mais on
accélère confidérablement l'amalgamation du
mercure avec l'or & l'argent, fi on emploie
ces métaux réduits en lames très-minces, en
parties très-fines.

Quoique l'or & l'argent s'amalgament parfaitement à froid avec le mercure, cependant
la chaleur facilite beaucoup & accélère leur
union; mais comme, d'un autre côté, l'alliage
facilite beaucoup la fufion des fubftances
métalliques, il fuit de ce principe, qu'il
fuffit de faire rougir les métaux difficiles à
fondre, & qu'on a réduits en petites parties,
& de les triturer avec le mercure.

Je terminerai cet article, en obfervant qu'il
feroit très-imprudent de faire fondre les métaux qui demandent une grande chaleur pour

leur fufion, comme l'or, par exemple, &
d'ajouter le mercure dans ce métal fondu,
à deſſein de l'amalgamer, parce que, non
feulement le mercure fe diſſiperoit pour la
plus grande partie en vapeurs, avant de s'être
uni au métal, mais encore parce qu'il y auroit
danger d'exploſion de fa part, pour les rai-
fons que j'ai expoſées au mot mercure, dans
la feconde fection de ce chapitre, page 132.

L'amalgame à froid eſt en uſage dans l'Orfévrerie pour féparer l'or & l'argent des
matières pierreuſes ou terreuſes dans leſquelles
ils ſont mêlés, lorſqu'on fait la lavure : il fert
auſſi quelquefois pour dorer ou argenter ;
mais on préfère pour l'ordinaire l'amalgame
à chaud pour ces dernières opérations.

Je crois m'être aſſez étendu, dans ces quatre
chapitres, ſur tout ce qu'il eſt néceſſaire de
connoître pour bien entendre la théorie des
opérations dont j'ai à rendre compte ; & au
moyen de ces préliminaires, j'eſpère que rien
n'étant dans le cas d'arrêter la marche de mes
explications, elles en feront d'autant plus faciles à faiſir : c'eſt au moins dans cette vue
que j'ai embraſſé ce plan.

K iij

CHAPITRE V.

De l'or.

L'OR est le plus parfait de tous les métaux.

Lorsqu'il est bien pur, il n'a ni saveur ni
odeur.

Pesanteur spécifique de l'or. Il est le plus pesant de tous les corps connus ;
il ne perd dans l'eau que d'un dix-neuvième
à un vingtième de son poids. Un pied cube
d'or pèse treize cent quarante-huit livres une
once & quarante-huit grains.

Sa dureté. Sa dureté est moyenne entre celle des métaux durs & celle des métaux mous.

Sa ductilité. Sa ductilité surpasse celle de tous les autres
métaux ; une once d'or peut dorer & recouvrir
un fil d'argent de quatre cent quarante-quatre
lieues. Boerrhaave rapporte, d'après Cassius,
qu'un artisan d'Ausbourg a eu l'adresse de
tirer d'un seul grain d'or un fil de cinq
cents pieds (1). L'art du Batteur d'or fournit

(1) On lit, dans les Mémoires de l'Académie Royale
des Sciences, année 1713, qu'une once de ce métal
peut être tirée à la filière en un million quatre

encore une nouvelle preuve de la prodigieuse ductilité de ce métal : une once d'or peut, étant réduite en feuilles par cet artisan, couvrir un espace de seize cents pieds trois pouces & une ligne carrés.

La ténacité de l'or est aussi plus grande que celle de tout autre métal. Un fil d'or d'un dixième de pouce de diamètre, soutient un poids de cinq cents livres avant de se rompre. *Sa ténacité.*

Lorsqu'on le bat à froid pendant un certain temps, ou qu'il a été violemment comprimé dans une filière, il perd de sa ductilité, acquiert de la roideur, de l'élasticité ; il s'écrouit enfin. On lui rend sa première ductilité par le recuit, qui consiste à le faire rougir & le laisser refroidir de lui-même. *Son écrouissement.*

L'or ne reçoit aucune altération de l'action de l'air, de celle de l'eau, ni de celle combinée de ces deux élémens, ni enfin d'aucune des exhalaisons qui flottent ordinairement dans l'atmosphère. Il est aisé de le remarquer par les dorures des édifices publics, *Son inaltérabilité à l'air.*

---

vingt-quinze mille pieds de long ; c'est-à-dire, en un fil de soixante-treize lieues de longueur, à deux mille cinq cents toises la lieue.

K iv

qui réfiftent à toutes les vapeurs des villes, même les plus peuplées. Si la couleur jaune foncée & éclatante, qui fait en partie l'excellence de ce métal, femble fe ternir, ce n'eft que par la fimple adhéfion des corps étrangers : fa beauté peut fe rétablir fans faire aucun tort au métal, quelque délicatement figuré qu'il foit, & fans rien enlever de fa furface, toute mince & délicate qu'elle puiffe être, par le moyen de certaines liqueurs qui diffolvent les faletés qui s'y font attachées : telles font la folution du favon, des alkalis fixes, les alkalis volatils, l'efprit de vin rectifié.

Moyen de le nettoyer.

On obfervera qu'on ne doit jamais fe fervir du favon, ni des liqueurs alkalines pour les galons, les broderies, ni le fil d'or tiffu parmi la foie ; car en nettoyant l'or, elles rongent la foie, & changent ou font décharger fa couleur : mais on peut employer l'efprit de vin, fans appréhender qu'il attaque la couleur ni la qualité du fujet.

Sa fufion.

Expofé au feu, l'or rougit d'abord, & quand il eft rouge ardent comme un charbon allumé, il fe fond auffi-tôt : fa furface a pour lors une couleur d'un vert bleuâtre & lumineufe. Le degré de chaleur eft un point

essentiel dans la fusion de l'or : s'il n'est que
précisément mis en fusion, il se trouve toujours cassant. Une augmentation de chaleur
considérable au delà de ce point, est nécessaire
pour lui donner toute sa malléabilité. Lorsqu'on a obtenu cette fluidité nécessaire, il
ne faut que verser ce métal dans une lingotière froide, pour le rendre aussi cassant que
s'il n'eût pas eu d'abord un degré de chaleur suffisant. On a communément attribué
cette qualité cassante à d'autres causes : la
plupart des Chimistes ont écrit qu'un morceau de charbon qui tombe sur l'or en fusion, suffit pour le rendre cassant ; mais il
paroît que c'est une erreur. Dans la monnoie
royale de Suède, on est dans l'usage de couvrir toujours l'or de charbon en le fondant,
& cependant il conserve en entier la malléabilité qu'il avoit auparavant.

Quand l'or est divisé en petites parties,
comme en limaille, quoique les particules
soient amenées ensuite à un état de fluidité
parfaite, elles ne se réunissent pas aisément
en une seule masse, & il y en a souvent
beaucoup qui restent sous la forme de glo-
bules séparés. On juge que cet effet est causé
par de petits atomes de poussière ou autres

Assemblage
de l'or.

matières étrangères, adhérentes aux furfaces des particules, & qui en empêchent la réunion. On écarte cet obftacle en y projetant du nitre ou du borax, dont l'un brûle & détruit, & l'autre diffout & vitrifie ces fubftances. C'eft ce que les Orfévres appellent affembler l'or. Ils préfèrent ordinairement le nitre au borax, parce qu'ils ont remarqué que ce dernier blanchit ou pâlit un peu l'or.

Son indeftructibilité. On n'a jamais obfervé que les plus grands degrés de feu artificiel, continués pendant un long efpace de temps, fuffent capables de caufer à l'or aucune altération. Kunckel fait mention d'une expérience où l'or fut expofé pendant trente femaines à un feu de verrerie, fans recevoir aucune altération fenfible dans fa qualité, ni aucune diminution dans fon poids.

Sa volatilité. Cette fixité de l'or n'eft cependant point abfolue; il s'eft volatilifé au foyer d'un miroir ardent de trois à quatre pieds de diamètre: mais M. de Fourcroy obferve que la fumée qui s'eft élevée de fa furface dans cette expérience, reçue fur une lame d'argent, l'a dorée: il a donc confervé fon indeftructibilité, malgré la violence extrême du feu auquel il a été expofé.

SECTION PREMIÈRE.

Des moyens de diffoudre l'or, & de le féparer enfuite de fon diffolvant.

L'or n'eft attaqué par aucun acide fimple ; mais il cède à l'action diffolvante du mélange de l'acide marin & de l'acide nitreux : cet acide mixte, qui eft le vrai diffolvant de l'or, porte le nom d'eau régale ; il peut fe préparer de plufieurs manières.

1°. En mêlant deux parties d'acide nitreux *Compofition de l'eau régale.* ou eau-forte avec une partie d'acide marin ou efprit de fel ; on a remarqué que ces proportions font celles qui réuffiffent le mieux pour opérer la diffolution de l'or.

2°. En diffolvant une partie de fel marin dans quatre parties d'acide nitreux.

3°. Enfin en diffolvant une partie de fel ammoniac dans quatre parties d'acide nitreux. Cette dernière méthode de compofer l'eau régale eft la plus ufitée, la feule générale- ment connue des Orfévres.

Toutes ces eaux régales diffolvent l'or avec effervefcence : on les fait chauffer pour accélérer la diffolution.

La diffolution de l'or par l'eau régale eft *Diffolution de l'or.*

d'une couleur jaune brillante, qui reſſemble à celle de l'or même. Elle eſt très-corroſive; elle teint la peau d'une couleur pourpre foncée.

En trempant une lame de cuivre rouge bien avivée, dans la diſſolution d'or étendue d'eau, l'or ſe précipite avec ſon brillant métallique, & d'une forte couleur rougeâtre, qui lui vient de quelques atomes cuivreux qui y ſont mêlés.

Or préci-piré de ſon diſſolvanı.

Comme cette ſéparation de l'or d'avec l'eau régale qui l'avoit diſſout, ſuit les mêmes lois que celles de l'argent dans l'opération du dé-part, je remets à cet article l'explication de ſa théorie.

A l'exception de la platine, toutes les ſubſtances métalliques ſolubles par l'eau ré-gale, peuvent, de même que le cuivre, ſé-parer l'or de ſa diſſolution, & le raſſembler ſous ſon brillant & pourvu de toutes ſes propriétés : l'or ainſi raſſemblé eſt, comme je l'ai obſervé, allié à une certaine quantité du métal qui a ſervi à le précipiter : c'eſt pour cette raiſon qu'on préfère le cuivre, comme étant celui de tous les métaux qu'on lui allie de préférence.

Mais fi l'on vouloit obtenir l'or abfolument pur, alors il faudroit verfer dans fa diffolution une fuffifante quantité de diffolution de plomb par l'acide nitreux. Ces deux métaux fe précipitent enfemble ; le plomb eft précipité par l'acide marin de l'eau régale, & l'or, parce qu'il ne peut fe tenir en diffolution dans l'acide nitreux feul. En tenant enfuite cet alliage en fufion un temps fuffifant, le plomb fe fcorifie, & laiffe l'or abfolument pur. Je ne connois pas d'opération qui donne de l'or plus pur que celle-ci ; je l'ai répétée plufieurs fois dans mes Cours, & elle m'a toujours fourni de l'or à vingt-quatre karats. *Moyen d'obtenir l'or le plus pur.*

Le fer diffout par l'acide vitriolique ou le vitriol vert, la couperofe verte, diffoute dans l'eau, précipitent l'or fous la forme d'une poudre d'un rouge brun obfcur, à caufe du fer qui fe précipite avec lui. Comme les folutions vitrioliques de fer ne précipitent de l'eau régale aucune fubftance métallique connue, excepté l'or, cette expérience fournit une méthode très-commode pour le reconnoître. *Moyen de reconnoître l'or dans toute diffolution.*

Les alkalis fixe & volatil, & les terres abforbantes précipitent l'or de fa diffolution : cette précipitation a lieu, à raison de ce que les acides de l'eau régale, ayant plus d'affinité avec ces substances salines & terreuses, qu'elles n'en ont avec l'or, abandonnent ce métal, pour s'unir avec elles.

Or fulminant.

Il y a une observation essentielle à faire sur la précipitation de l'or par les alkalis fixe & volatil; c'est que, si l'eau régale a été composée avec le sel ammoniac, le précipité qui s'en fera par l'alkali fixe, sera fulminant; le même effet aura lieu si on précipite par l'alkali volatil, l'or dissout par une eau régale, préparée, soit par le mélange des acides marin & nitreux, soit par le sel marin dissout dans ce dernier acide.

L'explosion de l'or fulminant est plus violente que celle de toute autre espèce de matière connue : elle se fait à un moindre degré de chaleur que celle de toute autre matière explosible; il suffit même de le broyer grossièrement dans un mortier, pour exciter son explosion. On a éprouvé que quelques grains d'or fulminant agissent avec autant de force que plusieurs onces de poudre à canon.

Cet exposé suffit pour faire sentir l'impossibilité de fondre ce précipité au premier degré de chaleur; il feroit une explosion capable de tout renverfer : on ne peut fe faire d'idée des effets terribles que produiroit la détonation d'une once d'or fulminant.

On ne doit donc jamais fe fervir des alkalis fixe & volatil pour raffembler l'or, fans faire la plus férieufe attention à ce que je viens de détailler; le plus fûr, pour des perfonnes qui ne font point affez familières avec la théorie chimique de cette expérience, c'eft de raffembler l'or par le moyen de la lame ou plaque de cuivre : la quantité de ce dernier métal qui fe précipite avec lui, eft trop petite pour mériter attention ; cela eft fi vrai, qu'on eft obligé de lui ajouter encore pour le mettre au titre de l'ordonnance.

On enlève à l'or la propriété fulminante, soit en le faifant digérer dans une liqueur alkaline ou dans l'acide vitriolique, foit en le mêlant avec le foufre, & faifant brûler lentement ce dernier : mais cette expérience eft très-dangereufe ; il vaut mieux le décompofer par les deux premiers moyens.

Moyen d'enlever à l'or fulminant la propriété de détoner.

Section II.

Des divers alliages de l'or ufités dans l'Orfé-vrerie.

L'or s'allie, par la fufion, avec toutes les fubftances métalliques ; il perd alors plus ou moins de fa couleur & de fa ductilité ; plufieurs même le rendent aigre & caffant. Le cuivre eft le feul métal qui n'altère pas fa couleur.

Alliage de l'or avec l'argent.
L'argent s'unit à l'or par la fufion dans toutes proportions. Ces métaux alliés perdent fort peu de leur ductilité ; mais ils acquièrent de la roideur & de l'élafticité. Une vingtième partie d'argent rend l'or fenfiblement pâle. Cet alliage s'accorde affez bien avec les règles de proportion de l'alliage : la pefanteur fpécifique n'eft augmentée que de très-peu de chofe.

Avec le cuivre.
Le cuivre donne à l'or beaucoup de roideur & de dureté, ne diminue pas beaucoup fa ductilité, & rehauffe fa couleur. L pefanteur fpécifique de cet alliage eft plu grande que les proportions de l'alliage n femblent l'indiquer. Le cuivre a encore l propriété de rendre l'or plus fonore, & moin fufceptibl

susceptible de perdre sa ductilité par la vapeur du charbon; ce à quoi il est très-sujet.

L'or facilite la fusion du fer; ce qui a fait dire à M. Gellert, que l'or vaudroit mieux que le cuivre pour souder les petits ouvrages de fer ou d'acier. L'alliage du fer & de l'or est plus léger qu'il ne sembleroit devoir l'être.

Avec le fer.

Les propriétés de l'argent & du cuivre, relativement à l'or, ont rendu son alliage avec ces métaux d'un très-grand usage dans l'Orfévrerie, parce qu'il rend les ouvrages qu'on en fait plus fermes & plus propres à être travaillés; & dans la monnoie pour la même raison, & de plus, pour les droits du Prince, & pour payer les frais de la fabrique de la monnoie.

La propriété qu'a le cuivre de rehausser la couleur de l'or, tandis qu'au contraire l'argent l'affoiblit, a fait abandonner presque absolument l'alliage de ce dernier métal avec l'or. Il est cependant des cas où on ne peut se dispenser d'allier l'or sur l'argent, ou, comme disent quelquefois les Orfévres, sur le blanc: c'est ainsi, par exemple, que doit être l'or destiné à être émaillé; s'il est allié sur le rouge, c'est-à-dire, sur le cuivre, les bords

L

de l'émail blanc verdiſſent pendant ſa fonte,
& cette couleur augmente à chaque fois qu'on
remet la pièce au feu, pour y appliquer les
émaux colorés : l'émail conſerve au contraire
toute ſa blancheur, ſi la plaque qui lui ſert
de baſe eſt d'or allié d'argent.

Avec l'étain. L'étain s'unit à l'or, mais il le rend aigre ;
cela va même au point qu'une très-petite
quantité d'étain, la ſeule vapeur même de
ce métal, eſt capable d'enlever la ductilité
à une grande quantité d'or. Cet alliage pèſe
moins que la règle de l'alliage ne ſembleroit
l'indiquer.

Avec le plomb. Le plomb s'unit en toutes proportions avec
l'or ; cet alliage eſt d'une peſanteur ſpécifique
plus grande que la proportion du mélange
ne ſembleroit l'annoncer.

L'alliage du plomb avec l'or eſt en uſage
pour l'eſſai des mines & pour l'affinage,
comme nous le verrons en traitant de l'opération de la coupelle, qui eſt toute fondée
ſur les propriétés de ce métal.

Ceux qui ſont accoutumés à l'inſpection
de l'or diverſement allié, peuvent juger à peu
près, par la couleur de toute maſſe donnée,
la proportion de l'alliage. On forme pour
cela pluſieurs compoſitions d'or avec diffé

rentes proportions des métaux dont on l'allie
d'ordinaire, & on en fait des efpèces d'aiguilles, pour fervir de pièces de comparai-
fons, qu'on nomme des touchaux. Après
avoir nettoyé le morceau d'or qu'on veut
examiner, on fait une marque fur la pierre
de touche avec cet or, & une autre tout
auprès avec celle des aiguilles qui paroît
en approcher davantage. Si la couleur des
deux touches eft la même, on juge que la
maffe donnée eft de là même fineffe que
l'aiguille.

Le grand excès de pefanteur fpécifique de
l'or, au-deffus de celle des métaux auxquels
on l'allie, fournit encore une méthode de
juger la quantité d'alliage qu'il y a dans un
mélange donné : mais nous avons vu que la
pefanteur des métaux alliés ne s'accorde pas
toujours avec les règles que les proportions
du mélange femblent indiquer ; ce qui fait
que cette méthode ne peut pas fervir à les
déterminer avec précifion.

On reconnoît jufqu'à un certain point la
pureté de l'or allié de quelques métaux imparfaits, en le faifant rougir fur des charbons
ardens ; il noircit plus ou moins à fa furface.

L'or pur ne change abfolument point de couleur.

L'acide nitreux ne fait de même aucune impreffion fur fa couleur lorfqu'il eft pur, & la change lorfqu'il eft allié.

Mais il s'en faut de beaucoup que toutes ces méthodes faffent connoître la quantité d'alliage qu'on peut avoir mêlé avec l'or ; elles ne font bonnes, tout au plus, qu'à faire voir que l'or n'eft pas pur. Le meilleur moyen pour s'affurer du titre de l'or, eft la coupellation par le plomb.

Le foufre, dont les vapeurs corrodent, & qui, à l'aide de la fufion, diffout & fcorifie la plupart des métaux, n'a aucune action fur l'or : de là vient qu'on fe fert d'or pour certains ufages mécaniques, où les autres métaux font détruits avec le temps par les vapeurs fulphureufes, comme le trou de la lumière des fufils. De là vient auffi qu'on peut féparer, comme nous le verrons, l'or de prefque toutes les autres fubftances métalliques, en le fondant avec le foufre.

Quoique l'or réfifte au foufre, il s'unit très-parfaitement au foie de foufre, qui eft une combinaifon de ce minéral avec l'alkali fixe.

Six parties de foie de soufre suffisent pour dissoudre par la fusion une partie d'or, de manière à ce qu'elle puisse être dissoute dans l'eau & passer à travers le papier.

SECTION III.

Des moyens de séparer l'or des substances métalliques avec lesquelles il peut être allié.

On ne parlera ici que des moyens qu'on a coutume d'employer pour affiner ainsi l'or; ils sont tous fondés sur les propriétés essentielles de ce métal.

Les opérations qu'on fait à ce sujet ont des noms particuliers, comme ceux d'affinage par le nitre, que les Orfévres nomment simplement affinage;

De départ sec, ou par la fusion, qui se fait par le moyen du soufre, & qui est fondé sur la propriété que nous avons reconnue à ce minéral de se joindre facilement à presque tous les métaux, tandis qu'il ne touche point à l'or;

De purification par l'antimoine, qui est fondé sur la même propriété du soufre;

D'affinage par le plomb, qui porte aussi le nom d'essai ou de coupellation, comme

L iij

on nomme or d'effai ou de coupelle, celui qui a fubi cette opération ;

De départ concentré ou cémentation, qu'on emploie lorfque l'or fe trouve allié avec de l'argent en trop grande quantité pour qu'on puiffe les féparer par l'eau-forte ;

De départ par l'eau-forte, ou fimplement départ, qu'on pratique pour féparer l'or de l'argent, lorfqu'ils font alliés dans des proportions convenables ;

Enfin, de départ inverfe, qui a lieu lorfque la quantité de l'or furpaffe celle de l'argent dans la maffe.

De l'affinage de l'or par le nitre.

L'affinage de l'or par le nitre eft fondé fur la propriété qu'a ce fel, ou plutôt fon acide, de fe combiner avec le phlogiftique, de le brûler & le détruire en un inftant; & fur celle de l'or, de réfifter à cette action, ainfi que l'argent & tous les métaux parfaits, tandis qu'elle calcine tous les métaux imparfaits.

Procédé. Ainfi donc fi on ftratifie avec du nitre de l'or allié à une ou plufieurs fubftances métalliques imparfaites, & qu'on tienne ce mélange en état d'incandefcence pendant un

temps fuffifant, ces dernières feront abfolument détruites, & l'or reftera parfaitement
pur, ou au moins il ne fera plus allié qu'à
l'argent ou à la platine.

Comme cet affinage s'opère rarement fur
l'or feul, qu'il eft au contraire très-ordinaire
de l'employer fur ce métal allié à l'argent,
ou fur ce dernier feul ; je remets à en donner
le procédé & la théorie dans le chapitre
fuivant.

A la rigueur, l'action du feu long-temps Affinage de
continuée fuffiroit pour affiner l'or ; mais ce feule action
moyen feroit très-long : l'action du nitre eft du feu.
très-avantageufe, en ce qu'elle accélère infiniment la purification de ce métal.

Du départ fec.

Le départ fec ou par la fufion fe fait par
le moyen du foufre, qui a la propriété de
fe joindre facilement avec tous les métaux,
tandis qu'il ne touche point à l'or.

Comme ce départ a moins été mis en pratique pour purifier l'or, qu'à deffein de le
féparer d'avec l'argent ; je remets au chapitre
fuivant à en donner le procédé.

De la purification de l'or par l'antimoine.

Pour purifier l'or par l'antimoine, on fait ordinairement fondre ce métal dans un creuset assez grand pour que les deux tiers en demeurent vides ; lorsque l'or est bien fondu, on jette dessus deux fois son poids d'antimoine cru, réduit en poudre ; on recouvre aussi-tôt le creuset, & on laisse la matière en fonte pendant quelques minutes ; après quoi, le mélange étant bien fondu, & chaud au point que la superficie en soit un peu étincelante, on le verse promptement dans un cône de fer qu'on a auparavant chauffé & graissé de suif ; on le frappe sur le plancher pour faire tomber le régule au fond ; & lorsque le tout est refroidi ou bien figé, on renverse le cône, & l'on retire la matière qu'il contient. Elle est distinguée en deux substances, l'une supérieure, composée du soufre de l'antimoine uni aux métaux qui étoient alliés avec l'or, & qu'on nomme scories ; l'autre inférieure, qui est l'or uni avec une quantité de régule d'antimoine proportionnée à la quantité des métaux qui se sont séparés de l'or, pour s'unir au soufre de l'antimoine. On sépare d'un coup de marteau ce régule d'or d'avec les scories qui le recouvrent.

Ce régule est d'autant moins jaune, que l'or étoit plus allié.

Au lieu de verser la matière en fusion dans un cône de fer, on peut, si l'on est bien assuré que le creuset soit bon, le retirer du feu, le poser sur le carreau, & l'y laisser refroidir.

La plûpart de ceux qui ont traité de cette opération, ont dit qu'une seule fonte ne suffit pas ordinairement pour débarrasser l'or de tout son alliage, qu'il faut le refondre de la matière, avec la même quantité d'antimoine, une seconde & même une troisième fois, si l'or étoit fort allié. Je puis assurer, d'après des expériences réitérées, qu'en conduisant bien l'opération, on peut en une seule fonte, & avec la dose d'antimoine prescrite ci-dessus, débarrasser absolument l'or de tous les métaux qui altèrent sa pureté.

Remarques.

Pour bien entendre ceci, il faut savoir, 1°. que cette purification de l'or est fondée, d'une part, sur ce que ce métal ne peut s'unir avec le soufre, tandis que tous les autres, à l'exception cependant de la platine & du zinc, s'unissent à ce minéral ; & d'une autre part, que tous les métaux ont plus d'affinité avec le foufre, que n'en a le régule d'antimoine, d'où il arrive que lorf que l'on fond avec de l'antimoine cru, de l'or allié, les métaux qui lui font unis fe combinent avec le foufre de l'antimoine; tandis que la partie réguline, dégagée par eux de fon foufre, fe confond & s'unit avec l'or.

Secondement, il faut obferver que les métaux alliés à l'or ne peuvent s'unir avec le foufre, qu'autant qu'ils font en contact avec lui.

Il faut, en troifième lieu, que le foufre foit en quantité fuffifante pour minéralifer tous les métaux alliés à l'or, & les faire furnager ce métal fous la forme de fcories.

Examen du procédé ordinaire. Examinons maintenant fi le procédé ordinaire que j'ai décrit eft propre à remplir toutes ces conditions; & dans le cas contraire, voyons par où il eft en défaut, & effayons à le rectifier.

J'ai dit que la dofe d'antimoine qu'on emploie dans cette opération, eft fuffifant pour enlever à l'or tous les métaux qui altèrent fa pureté : & en effet, fuppofons l'or plus bas, à feize, à quatorze karats même, ce qui donne de huit à dix parties d'alliage, f

les vingt-quatre qui conſtituent ſa maſſe, il
en réſultera qu'il faudra ajouter au plus huit
à dix vingt-quatrièmes de ſoufre, conſé-
quemment ſeize à vingt d'antimoine; ce qui
ne fait pas ſon poids égal; or on y en ajoute
le double: ce n'eſt donc pas faute de ſoufre
que l'or ne ſe trouve pas ſuffiſamment pu-
riſié; c'eſt donc à tort qu'on recommence
la fonte une ſeconde & même une troiſième
fois, ajoutant à chaque fois une nouvelle
doſe d'antimoine; c'eſt donc plus mal à propos
encore qu'on joindroit à ce minéral une certaine quantité de ſoufre pur, comme le con-
ſeillent quelques Auteurs; enfin ce n'eſt donc
que par un vice de procédé que l'opération n'a pas tout le ſuccès qu'on a droit d'en
attendre.

En réfléchiſſant ſur toutes les parties du pro- Vices de
ce procédé.
cédé ordinaire, je penſai que puiſque ce n'étoit
pas au défaut de ſoufre qu'on devoit attribuer
ſon incertitude (car il eſt eſſentiel de remarquer qu'il réuſſit quelquefois dès la première
fonte), il ne pouvoit y avoir que le défaut
de contact des ſubſtances métalliques avec
ce minéral, qui pût s'oppoſer à leur ſcoriſi-
cation; & je crus appercevoir que le vice
conſiſtoit en ce qu'on donnoit d'abord au

mélange une chaleur trop confidérable. L'or mis en fufion à ce degré de feu, me difois-je, fe précipitant fous les fcories, avec lefquelles il n'a plus alors de contact que par fa fuperficie, les métaux qui l'altèrent ne peuvent plus être faifis par le foufre ; d'où il doit réfulter que plus le feu a été violent & la fonte prompte, moins l'or a dû être purifié : c'eft d'après ces vues, que, me trouvant dans le cas de purifier l'or par l'antimoine, dans une circonftance dont je rendrai compte inceffamment, je procédai de la manière fuivante, qui me réuffit parfaitement.

Procédé rectifié.
Après avoir mis l'or dans un creufet aux deux tiers vide, je le plaçai dans le fourneau de fufion ; je laiffai le cendrier entièrement ouvert, & la porte de la chappe bien fermée, & je donnai le feu de fufion : lorfque l'or fut rouge ardent & prêt à fondre, j'y jetai deux parties d'antimoine, je couvris fur le champ le creufet le plus exactement qu'il me fut poffible ; je fermai la porte du cendrier aux deux tiers, & laiffai la porte de la chappe ouverte, afin d'entretenir le feu dans une action modérée, capable de tenir le mélange dans une forte de fufion pâteufe, mais infuffifante pour lui procurer la fluidité qui

n'eût pas manqué de faire précipiter l'or ; je découvrois de temps en temps le creuset, pour reconnoître ce qui se passoit dans son intérieur : j'observai que la matière, après avoir été pendant quelques minutes dans une fonte assez tranquille, se boursouffla & bouillonna légèrement, ou, pour parler le langage de l'art, fit une légère effervescence qui dura environ un demi-quart d'heure : à chaque fois que je découvrois le creuset, le soufre s'allumoit ; mais il s'éteignoit dès que je l'avois recouvert. Dès que ce phénomène eut cessé, après avoir bien exactement fermé le creuset, je le recouvris entièrement de charbon ; je fermai la porte de la chappe, ouvris entièrement celle du cendrier, afin de donner un bon coup de feu, capable de faire entrer toute la matière en bonne fonte liquide. Après avoir ainsi soutenu le feu un quart d'heure, je le supprimai, en bouchant très-exactement le cendrier, & couvrant d'un tuileau le bout de tuyau qui termine la chappe. Lorsque le feu fut absolument éteint, & le fourneau suffisamment refroidi, c'est-à-dire, au bout d'une bonne heure, je retirai le creuset, & après l'avoir cassé, j'y trouvai, comme dans le procédé précédent, un culot d'or allié de régule d'antimoine, recouvert de scories, que j'en séparai d'un coup de marteau.

L'or que j'obtins par ce procédé ne contenoit plus aucun métal étranger, comme je m'en assurai par des expériences ultérieures, après l'avoir débarrassé du régule d'antimoine qui s'y étoit uni pendant l'opération.

Procédé ordinaire pour séparer l'or du régule d'antimoine avec lequel il s'est allié dans l'opération. Lorsque la fonte a été bien faite, il ne s'agit plus que de séparer l'or du régule d'antimoine avec lequel il se trouve allié : or ce demi-métal étant très-volatil & très-combustible, à la rigueur, il suffit, pour en débarrasser l'or, de le tenir en fusion pendant un temps suffisant : le régule d'antimoine se dissipe en fumée. Il est essentiel de ne point presser cette évaporation par une trop forte chaleur, sans quoi le régule d'antimoine enleveroit avec lui une partie notable de l'or : il faut donc aller doucement ; & cette opération devient fort longue lorsque le culot contient beaucoup de régule d'antimoine. On l'abrège en soufflant sur la surface de la masse métallique, parce que le contact de l'air continuellement renouvelé favorise & augmente en général l'évaporation de tous les corps & en particulier celle du régule d'antimoine. A mesure que le régule se dissipe, & que l'o

fe purifie, il exige plus de chaleur pour fe
tenir en fufion; ce qui oblige à augmenter
un peu le feu vers la fin de l'opération :
lorfqu'il ne refte plus qu'une petite quantité
de régule, comme il eft alors beaucoup plus
recouvert par l'or & défendu de l'action de
l'air, il lui faut auffi une chaleur beaucoup plus
forte pour qu'il continue à s'évaporer; on
voit même ceffer entièrement la fumée du
régule d'antimoine fur la fin de l'opération,
quoiqu'il y ait encore un peu de ce demi-
métal uni à l'or ; on achève de l'en débarraffer par le moyen d'un peu de nitre qu'on
jette dans le creufet, & qui calcine efficacement ce qui en refte.

Cette méthode de détruire le régule d'antimoine allié à l'or, eft, comme on le voit,
fort longue : c'eft dans la vue de l'abréger
que les Chimiftes ont fait fondre l'or à plufieurs reprifes, en y projetant à chaque fonte
une affez grande quantité de nitre. On par- Vice de ce
vient à la vérité, par cette manière d'opérer, procédé.
beaucoup plus promptement que par la première, à purifier l'or de l'alliage du régule
d'antimoine ; mais elle eft encore vicieufe,
en ce qu'elle oblige à des fontes très-réitérées,

& qu'elle emploie une grande quantité de nitre inutilement & en pure perte.

C'est en combinant ces deux procédés, & en gouvernant le feu selon les circonstances, que je suis parvenu à purifier l'or de son alliage avec le régule d'antimoine en deux fontes. Voici comme j'opère.

Rectifica-
tion de ce
procédé.

Après avoir séparé le culot d'or des scories qui le recouvrent, je le mets dans un creuset que je place dans le fourneau de fusion ; je lui donne le juste degré de chaleur nécessaire pour le mettre en fonte, & dès qu'il y est, le régule commence à fumer ; je soutiens le feu, l'augmentant à mesure que la diminution de la proportion de ce demi-métal à celle de l'or, rend ce dernier moins fusible : lorsque le feu étant parvenu ainsi graduellement au degré de la fusion de l'or, il ne s'élève plus de fumée, je projette un peu de nitre, j'ôte le creuset du feu, & je jette l'or en grenaille la plus menue possible ; je stratifie (1) ensuite cette grenaille avec u

_____

(1) Stratifier se dit, en Chimie, de l'action d'arranger deux matières dans un creuset, en les posant lit sur lit : dans ce cas-ci, par exemple, on met d'abord u cinquièm

cinquième, ou au plus un quart de son poids
de nitre de trois cuites, dans un creuset que
je recouvre d'un couvercle percé dans son
milieu d'un petit trou garni d'un bouchon
de terre cuite que je mets ou ôte à volonté;
je lute exactement le couvercle au creuset;
je place ce dernier dans le fourneau de fusion; je l'entoure de charbons jusqu'un peu
au-dessus des matières; je gouverne le feu,
par le moyen des portes du fourneau, de manière à faire rougir médiocrement le creuset:
alors je présente un charbon ardent au petit
trou du couvercle. Si j'aperçois une lueur
brillante autour de ce charbon, & que j'entende en même temps un sifflement léger,
c'est une marque que l'opération va bien. Je
soutiens le feu au même degré, jusqu'à ce
que cet effet n'ait plus lieu; alors il faut
augmenter le feu assez pour faire entrer l'or
en bonne fusion, puis retirer le creuset du
fourneau; & lorsqu'il est refroidi, on trouve

lit de nitre, puis un lit d'or, ensuite un second lit de
nitre, & ainsi de suite jusqu'à ce qu'on y ait fait entrer toutes ses matières. Par cet arrangement, l'or se
trouve toujours entre deux lits de nitre.

M

au fond l'or en un culot recouvert d'une fcorie alkaline.

Si l'opération a été conduite comme je viens de l'expofer, l'or eft abfolument pur, & de la plus grande beauté.

On voit que la réuffite de ce procédé, & la préférence qu'il mérite fur les deux pré-cédens, réfultent de ce qu'après avoir profité de la volatilité du régule d'antimoine pour en enlever la majeure partie, je ne me con-tente pas de projeter du nitre à la furface de la maffe métallique; mais en la ftratifiant avec ce fel, je la mets en contaɕ avec lui par une infinité de points, tandis que lorf-qu'elle eft en fufion comme dans les pro-cédés ordinaires, elle n'y eft qu'à fa furface; d'où il fuit qu'elle n'a d'action que fur la partie de régule que fa légèreté fait flotter fur l'or, à mefure qu'elle s'en fépare.

Obferva-tion fur les fcories. Si l'or qu'on a traité par ce procédé con-tenoit de l'argent, comme ce dernier métal n'eft que minéralifé par le foufre, & non détruit, il ne faudroit pas jeter les fcories; il eft facile d'en retirer l'argent par un pro-cédé que je donnerai en traitant du dépar fec.

De l'affinage de l'or par le plomb, ou de la coupellation de l'or.

Comme la coupellation de l'or ne diffère en rien de celle de l'argent, je remets à en traiter dans le chapitre fuivant.

Il en fera de même du départ concentré, de celui par l'eau-forte, & du départ inverfe: toutes ces opérations font, à la vérité, des moyens de purifier l'or ; mais comme elles ont auffi pour objet fpécial de le féparer de l'argent, & qu'elles font fondées fur les propriétés de ce métal ; j'ai cru que fon hiftoire devoit en précéder la defcription ; elle ne pourra que faciliter l'intelligence de leur théorie.

Des moyens de féparer l'étain allié à l'or.

Nous avons vu que la plus petite partie d'étain fuffifoit pour enlever la ductilité l'or; auffi a-t-on grand foin, dans les ateliers, d'éviter, autant qu'il eft poffible, le mélange de ces deux métaux: mais malgré toute l'attention qu'on peut y apporter, cet alliage fe fait encore affez fouvent. Ce qui y donne lieu fur-tout, ce font les bijoux foudés à l'étain, qu'on fond pêle-mêle avec d'autres vieux

ouvrages en or. On a grand foin de les bien
gratter, afin d'enlever le plus d'étain poffible :
mais cette opération ne fuffit pas pour l'enlever totalement, & nous avons vu que la
plus petite quantité prive de duétilité une
maffe d'or confidérable.

Il feroit donc très-important de trouver
un moyen d'enlever abfolument l'étain qui a
fervi ainfi à fouder les bijoux en or, on
éviteroit par-là le befoin de faire des opérations longues, embarraffantes, & difpen-
dieufes, pour le féparer de l'or. C'eft à quoi
je fuis parvenu de la manière fuivante.

Premier procédé qui m'a réuffi. Après avoir enlevé à l'outil tout ce que
j'ai pu détacher d'étain, j'ai ftratifié enfuite
l'or avec du nitre ; je l'ai fait rougir obfcurément : l'étain, comme très-fufible, a quitté
l'or, & a été détruit par la détonation du
nitre. L'or ainfi préparé a été fondu avec de
l'or pur, & n'en a pas altéré la duétilité.

Mais comme, malgré toutes les précautions
imaginables, il eft poffible qu'il fe trouve
de l'étain uni à une maffe d'or, par un de
ces accidens contre lefquels on ne peut pas
être en garde ; il eft bon de connoître les
moyens d'en opérer la féparation abfolue.

Procédés ordinaires. Ceux qu'on a coutume d'employer, con-

fiſtent à projeter ſur l'or fondu, du nitre ou
du borax, ou enfin du ſublimé corroſif : la
coupellation eſt reconnue comme inſuffiſante ;
nous en verrons la raiſon en traitant de cette
opération : le départ ne réuſſit pas non plus,
pour les cauſes que j'expliquerai lorſque j'en
donnerai la théorie. Il faut donc avoir recours à un autre procédé ; & c'eſt ce que
j'ai fait avec ſuccès, dans une circonſtance
dont je vais rendre compte.

Je fus appelé chez un Orfévre qui avoit **Remarques.**
une maſſe aſſez conſidérable d'or, qu'il ne
pouvoit venir à bout d'adoucir par aucun
moyen. Il attribuoit, comme moi, l'aigreur
de cet or à la préſence d'une partie d'étain.
En vain il l'avoit fondu un grand nombre
de fois, en y projetant tantôt du nitre,
tantôt du borax ; en vain il y avoit auſſi projeté du ſublimé corroſif ; il avoit eſſayé tout
auſſi inutilement la coupellation ſur toute la
maſſe : l'or, à la vérité, s'étoit un peu adouci
par toutes ces opérations ; mais il n'étoit pas
encore poſſible de le forger, il ſe fendoit &
ſe gerçoit de toutes parts, aux premiers coups
de marteau. Je ſavois que le départ n'eût
point opéré la ſéparation complète, je ne

voulus pas le tenter. Je ne vis donc d'autre
moyen à mettre en pratique, que celui de
la purification par l'antimoine; j'y eus recours,
& j'en obtins le succès le plus complet : j'eus
de l'or de la plus belle couleur, & sur-tout
de la plus parfaite ductilité.

Second pro-
cédé qui m'a
réuſſi.

Dans la crainte de ne point réuſſir, & de
jeter l'Orfévre qui m'avoit appelé dans des
frais inutiles, je suivis, quoiqu'avec répu-
gnance, le procédé ordinaire de point en
point, & tel qu'il eſt décrit par l'Emeri, dans
ſon Cours de Chimie : mais m'étant trouvé
dans le cas de le répéter pour mon compte
perſonnel, & par expérience dans une des
leçons de mon Cours public, je le rectifiai
& y ſubſtituai celui que j'ai décrit dans la
ſection précédente.

Procédé de
M, Bayen.

Je n'avois alors aucune connoiſſance du
procédé par lequel M. Bayen eſt parvenu à
ſéparer l'étain de l'argent, & dont il rend
compte dans ſes Recherches chimiques ſur
l'étain, publiées par ordre du Gouvernement:
ſi je l'euſſe connu, je l'euſſe appliqué à l'or,
ſur lequel il eût ſans doute auſſi bien réuſſi:
que de frais & de peines il m'eût épargnés!

Comme ce procédé eſt tout à la fois très

simple, très-peu dispendieux, & très-sûr, il mérite d'être généralement connu ; je le donnerai dans le chapitre suivant.

Je terminerai cet article par une obser- *Danger d'employer le sublimé corrosif.* vation sur les dangers qui accompagnent l'usage du sublimé corrosif.

J'ai dit plus haut, qu'entre autres moyens pour adoucir l'or, pour lequel j'ai été appelé, on avoit tenté d'y projeter du sublimé corrosif : l'artiste n'ayant pris aucune précaution pour se garantir des vapeurs de ce sel, fut attaqué d'un violent mal de gorge & d'une salivation considérable, qui lui durèrent six jours, quoiqu'on ne négligeât aucun des remèdes indiqués, & qu'il fût aussi-tôt secouru qu'attaqué. La gravité de cet accident m'a engagé à le rapporter ici, afin d'avertir les artistes qui croiroient devoir employer ce sel de la même manière, qu'ils ne sauroient trop se prémunir contre les funestes effets que produisent ses vapeurs.

SECTION IV.

De l'amalgame de l'or.

L'or est de tous les métaux celui avec lequel le mercure s'unit le plus facilement. Il fuffit que le mercure foit légèrement frotté fur un morceau d'or, ou qu'il féjourne pendant quelque temps dans un vafe de ce métal, pour qu'il le diffolve : on obferve que l'endroit qui a été touché par le mercure, devient blanc comme de l'argent ; & fi la pièce d'or eft mince, elle n'a plus de confiftance dans cet endroit, & fe brife avec la plus grande facilité.

Amalgame à froid. L'or s'amalgame donc, comme on le voit, à froid avec le mercure : il fuffit qu'il foit réduit en parties très-fines ou en lames très-minces, pour qu'on en puiffe faire un amal-

Procédé. game parfait. Ainfi, fi l'on triture dans un mortier de marbre une partie d'or en feuilles, avec fept parties de mercure, on obtiendra une maffe pétriffable, une efpèce de pâte qui manque de ductilité & de ténacité, mais qu'on peut étendre cependant fur la furface des métaux, pour leur donner la couleur de l'or.

Amalgame à chaud. Quoique l'amalgamation de l'or avec le mercure puiffe fe faire à froid, la chaleur cependant la facilite beaucoup. Pour. faire

Procédé. l'amalgame à chaud, on fait fondre une partie d'or dans un creufet, & on y jette fept parties de mercure ; on agite fur le champ

le mélange avec une verge de fer, & lorfqu'il eft parfait, on le retire du feu; on verfe
l'amalgame dans une terrine dans laquelle
on a mis de l'eau bouillante, & on le lave
bien, en le pétriffant dans les doigts.

Il faut avoir grand foin de faifir le mo- Remarques.
ment où l'or commence à fe fondre, pour
y jeter le mercure, parce que, fi on atten-
doit qu'il fût totalement fondu & très-chaud,
le mercure pourroit fauter hors du creufet
avec explofion; ce qui occafionneroit de la
perte & du danger. Il y a un moyen certain
d'éviter abfolument cet inconvénient, c'eft de
faire chauffer le mercure jufqu'à ce qu'il
commence à s'élever en vapeurs..

On doit auffi éviter très-foigneufement
les vapeurs du mercure qui s'élèvent hors
du creufet pendant qu'on fait l'amalgame.
Les Doreurs font dans l'ufage de fe mettre
une pièce d'or dans la bouche; & comme
ils l'en retirent toute blanche, ils en con-
cluent qu'elle a retenu tout le mercure qu'ils
ont afpiré : mais c'eft une erreur d'autant
plus dangereufe, qu'elle les met dans une
fécurité perfide; elle ne fert tout au plus que
de preuve qu'ils en ont afpiré. Le vrai, le
feul moyen de fe garantir de ces vapeurs,

c'eſt d'établir un courant d'air, & de ſe placer ſur le vent.

L'amalgame de l'or eſt employé par les Orfévres à dorer l'argent; c'eſt cette dorure qu'ils nomment *dorure en or moulu.* J'en traiterai dans le chapitre ſuivant, dans lequel je ferai une ſection ſur la dorure.

De l'or en poudre ou en chiffons.

Je place cette préparation à la ſuite de l'amalgame, parce qu'elle ſert, comme lui, à donner à l'argent la couleur de l'or. Je parlerai de ſon application dans la ſection du chapitre ſuivant qui traitera de la dorure.

Pour préparer l'or en poudre, il s'agit de tremper de vieux linges dans la diſſolution d'or par l'eau régale; de les faire bien ſécher, & les brûler dans un creuſet: les particules d'or reſtent mêlées dans la poudre charbonneuſe; & le tout forme une poudre d'un brun un peu rougeâtre.

La dorure faite par le moyen de cette poudre porte le nom de *dorure à l'or en poudre.*

Nota. Je donnerai dans le chapitre ſuivant, immédiatement après la ſection qui traitera de la dorure, un procédé nouveau & très-

commode pour enlever l'or de la surface
de l'argent, pour dédorer l'argent par voie
de diffolution.

SECTION V.

De l'alliage de l'or avec la platine, des moyens
de le reconnoître, & de ceux qu'on doit em-
ployer pour les féparer.

J'ai dit au mot platine, dans le chapitre
précédent, que cette fubftance métallique
jouit de toutes les propriétés de l'or; qu'elle
réfifte, comme lui, à l'action du feu, à celle
du plomb; que fon diffolvant eft le même;
enfin qu'elle s'allie très-bien avec lui.

Dès qu'on commença à connoître ce métal,
la cupidité en a auffi-tôt abufé; on a profité de fes propriétés pour altérer des lingots
d'or; & cet or allié, ayant foutenu les épreuves
de l'or pur, a été mis dans le commerce &
vendu comme tel.

Il étoit donc néceffaire d'interdire l'ufage
d'un métal avec lequel on pouvoit faire des
fraudes fi préjudiciables; & c'eft ce qu'a fait
la Cour d'Efpagne, dès qu'elle a eu connoiffance de l'abus qu'on en faifoit.

Mais depuis que les Chimiftes ont trouvé

& publié des moyens certains & faciles de reconnoître la plus petite quantité de platine mêlée avec l'or, & même de féparer ces deux métaux l'un de l'autre, dans quelques proportions qu'ils foient unis, on ne peut que regretter que l'introduction en demeure prohibée. Il eft fâcheux qu'on ne puiffe avoir ce métal facilement, on eût probablement trouvé des moyens de le travailler commodément; & il feroit d'une grande utilité dans la vie civile & dans la Chimie (1).

Parmi les moyens que j'ai indiqués pour féparer l'or de fon diffolvant, j'ai donné celui de le précipiter par la diffolution du fer dans l'acide vitriolique; j'y ai remarqué auffi que ces diffolutions vitrioliques de fer ne précipitent de l'eau régale aucune autre fubftance métallique connue, que l'or; ce qui fournit une méthode très-commode pour le reconnoître.

D'un autre côté, la folution du fel ammoniac dans l'eau, verfée dans une diffolu-

---

(1) Les fieurs Tugot & Dauiny, Orfévres de Paris, ont obtenu, le 20 Juillet 1785, des Lettres patentes du Roi, qui leur permettent l'emploi de ce métal, qu'ils font parvenus à fondre en grand.

tion métallique qui contient de la platine, la rend senfible, telle petite qu'en foit la quantité ; & ce métal eft encore le feul fur qui le fel ammoniac produife cet effet.

Si donc on foupçonne de l'or dans une maffe métallique quelconque, foluble par l'eau régale ; après l'avoir diffoute par ce menftrue, on verfera dans fa diffolution du vitriol vert diffout dans l'eau ; & fi la maffe ne contenoit pas d'or, la liqueur reftera claire, & ne laiffera rien dépofer ; mais fi elle en contient, elle fe troublera, & laiffera précipiter une poudre d'un rouge brun obfcur, qui eft l'or allié à un peu de fer.

Moyen de reconnoître l'or allié à la platine.

Lorfqu'on foupçonne qu'une maffe d'or contient de la platine, il faut de même la diffoudre dans l'eau régale ; on verfera enfuite dans cette diffolution une folution de fel ammoniac dans l'eau : la liqueur, comme dans la précédente expérience, reftera claire & ne formera aucun dépôt, fi l'or ne contient point de platine ; mais s'il en contient, quelle qu'en foit la quantité, elle fe troublera, & la laiffera précipiter.

Moyen de reconnoître la platine alliée à l'or.

Rien fi n'eft facile, comme on le voit, que de reconnoître la préfence de la platine qui fe trouve alliée avec l'or, & de l'en féparer ;

on ne peut donc plus en abufer pour altérer la pureté de l'or.

On ne fait encore rien fur l'hiftoire naturelle de la platine : quoique ce métal foit nouveau pour l'Europe, l'hiftoire même de fa découverte eft aufſi obfcure que celle des métaux de l'ufage le plus ancien. Don Antonio de Vlloa eft le premier qui en ait fait mention dans la relation de fon voyage, imprimée à Madrid en 1748; mais il n'en dit que peu de chofe, & la repréfente comme une efpèce de pierre métallique intraitable, & qui empêche même qu'on ne puiffe exploiter les mines d'or où elle fe trouve en trop grande quantité. On peut préfumer que le peu d'avantage qui fembloit en devoir réfulter, à caufe de fon peu de fufibilité, l'a fait négliger d'abord, & que les intentions frauduleufes auxquelles on a trouvé que ce métal pouvoit s'appliquer, furent caufe qu'on chercha à en dérober la connoiffance.

La platine fe trouve dans les mines d'or de l'Amérique efpagnole, & en particulier dans celles de *Santafé*, près de *Carthagène.*

SECTION VI.

Des mines d'or.

L'or, n'étant alliable ni avec le foufre ni avec l'arfenic, ne fe rencontre jamais minéralifé, ou s'il l'eft, ce n'eft qu'indirectement par l'union qu'il a contractée avec des métaux naturellement combinés avec ces minéraux. Il fe trouve toujours dans ces mines en fi petite quantité, qu'elles ne peuvent pas mériter le nom de mines d'or.

L'or fe trouve prefque toujours fous fa forme naturelle ; quelquefois, mais très-rarement, en maffes ; ordinairement en poudre ou en petits grains entremêlés de terre, de fable, ou en petites gouttes & veines, logées dans diverfes pierres colorées du genre des pierres vitrifiables. On le trouve rarement exempt de mélange de quelque autre métal, & particulièrement de l'argent. Cramer obferve que tous les fables contiennent de l'or : mais cet or eft celui qui eft le plus allié d'argent.

Les plus grandes quantités d'or nous viennent des *Indes occidentales efpagnoles*, furtout du *Potozi* & du *Bréfil*.

On le trouve auffi fur les *côtes & territoire*

d'Afrique, & on le rencontre tant dans les mines que dans les fables des rivières.

Il y a quelques cantons de l'Europe qui paroiffent auffi fort riches en ce métal. Les mines de la *haute Hongrie* donnent de l'or depuis dix fiècles ; il y en a auffi en *Tofcane*. Rouelle prétendoit que les mines d'or du *Comté de Foix* étoient auffi riches que celles du Pérou, & qu'aucune autre mine connue.

Enfin plufieurs rivières roulent dans leur fable une affez grande quantité d'or pour que le lavage de ce fable produife un petit profit à ceux qui s'occupent de ce travail. Réaumur comptoit en France dix de ces rivières ; favoir, le Rhin, le Rhône, le Doux, la Cèze, le Gardon, l'Arriège, la Garonne, le ruiffeau de Ferriet, & celui de Bénagues la Salat.

Le titre de l'or de ces rivières eft depuis dix-huit jufqu'à vingt-deux karats ; celui de la Cèze eft le plus bas, & celui de l'Arriège eft le plus fin.

Travail des mines d'or.

Tout le travail pour retirer l'or de fe mines & l'obtenir pur, confifte à fépare d'abor d'abord les terres & les fables avec lefquels il eft mêlé par le lavage, qui emporte la plus grande partie de ce qui n'eft point or, comme plus léger; après quoi on fait un fecond lavage avec du mercure, qui s'empare de l'or, en s'amalgamant avec lui, & le fépare exactement de toutes matières terreufes, avec lefquelles il ne peut contracter aucune union.

On exprime après cela ce mercure chargé d'or, à travers des peaux de chamois, dans lefquelles refte l'or, uni encore avec une portion de mercure qu'il a retenue, & dont on le débarraffe facilement en l'expofant à un degré de chaleur convenable : le mercure fe diffipe en vapeurs, & l'or refte au fond du vaiffeau.

C'eft là le fondement de toutes les opérations par lefquelles on retire l'or des mines du Pérou.

C'eft par un pareil travail que les Orfévres retirent l'argent & l'or qui fe trouvent confondus dans les balayures de leurs ateliers, les cendres de leurs forges, les fragmens de leurs creufets, &c., par l'opération de la lavure, à laquelle je renvoie pour les détails.

N

CHAPITRE VI.

De l'argent.

L'ARGENT, appelé aussi *lune* par les Chimistes, est un métal parfait, d'un blanc brillant & éclatant.

Lorsqu'il est bien pur, il n'a ni saveur ni odeur.

Pesanteur spécifique de l'argent. Sa pesanteur spécifique, quoique considérable, est près de moitié moindre que celle de l'or; il perd dans l'eau entre un dixième & un onzième de son poids. Un pied cube d'argent pèse sept cent vingt livres.

Sa ténacité. Sa ténacité est aussi près de moitié moindre que celle de l'or. Un fil d'argent d'un dixième de pouce de diamètre, soutient un poids de deux cent soixante-dix livres, avant de se rompre.

Sa qualité sonore. Il est un peu plus sonore que l'or.

Sa dureté. Sa dureté est un peu plus considérable que celle de ce métal.

Sa ductilité. L'argent est, après l'or, la plus ductile de toutes les substances métalliques; on sait qu'on le tire en fils presque aussi fins, & qu'on le réduit en feuilles presque aussi minces que l'or.

C'eſt à raiſon de ce qu'il a un peu moins **Son écrouiſ-**
de ductilité que l'or, qu'il s'écrouit plus fa- **ſement.**
cilement que lui, & qu'on eſt obligé, lorſ-
qu'on le forge, de le recuire plus ſouvent.

L'argent ne reçoit, de même que l'or, **Son inal-**
aucune altération de l'action, ſoit ſéparée, ſoit **térabilité à**
combinée, de l'air & de l'eau ; il ne ſe charge **l'air.**
d'aucune rouille. Mais il n'en eſt pas de même
des exhalaiſons qui flottent ordinairement dans
l'atmoſphère : la ſurface de ce métal eſt plus
ſuſceptible que celle d'aucun autre, de ſe
ternir & même de ſe noircir, ſoit par le
contact, ſoit par les émanations du phlogiſtique de pluſieurs ſubſtances inflammables,
parce qu'il a la propriété de ſe charger, même
à froid, de ce principe par ſurabondance,
plus qu'aucun autre métal.

Je donnerai, dans un article à part, les
moyens de rendre à l'argent ainſi terni ſon
premier éclat.

Il ſe fond à un degré de chaleur un peu **Sa fuſibilité**
moindre que l'or ; il ſuffit qu'il ſoit rouge
preſque à blanc, pour entrer en fuſion.

Comme l'or, l'argent diviſé en petites **Son aſſem-**
parties, en limailles, par exemple, a beſoin **blage dans la**
qu'on y projette du nitre, pour ſe raſſembler **fonte.**
dans ſa fuſion.

Son indef-
tructibilité.

Ce métal est aussi indestructible par l'action du feu, que l'or. Kunckel a tenu de l'argent exposé pendant un mois à un feu de verrerie, sans qu'il ait été altéré, ni qu'il ait souffert de déchet dans son poids.

Sa volati-
lité.

Cette fixité n'est cependant pas plus absolue que celle de l'or; il s'est volatilisé, comme ce métal, au foyer du miroir ardent, & la fumée qui s'est élevée de sa surface dans cette expérience, reçue sur une plaque de cuivre, l'a argentée, comme l'a observé M. de Fourcroy: d'où ce célèbre Chimiste conclut que l'argent ainsi que l'or sont indestruc- tibles, quoi qu'en puissent dire quelques Chimistes.

La volatilité de l'argent paroît un peu plus grande que celle de l'or; car la suie des forges des Orfévres contient de l'argent. J'ai entendu dire à M. Brogniard, qu'il en avoit vu des masses assez considérables, qui s'étoient atta- chées à la hotte des forges, à peu près sous la forme de stalactites.

SECTION PREMIÈRE.

Des moyens de diſſoudre l'argent, & de le ſéparer enſuite de ſes diſſolvans.

Tous les acides ſont capables de diſſoudre l'argent avec plus ou moins de facilité ; mais je ne parlerai que des diſſolutions de ce métal par les acides minéraux, les ſeules qu'il importe ici de connoître.

L'acide nitreux eſt le vrai diſſolvant de l'argent. Cet acide, que l'on connoît ſous le nom d'eſprit de nitre ou d'eau-forte, bien pur & médiocrement fort, diſſout l'argent avec facilité. Cette diſſolution ſe fait d'elle-même, ſans le ſecours de la chaleur, ou tout au plus par une chaleur très-douce au commencement, pour la mettre en train ; après quoi il convient de la retirer de deſſus le feu, pour empêcher qu'elle ne continue avec trop de violence, ſur-tout ſi l'on travaille ſur des quantités conſidérables.

Action de l'acide nitreux ſur l'argent.

Par cette méthode, l'acide nitreux ſe charge de l'argent juſqu'au point de ſaturation, & en diſſout à peu près ſon poids égal, s'il eſt fort. On reconnoît ce point de ſaturation aux ſignes ſuivans.

N iij

Signes aux-quels on reconnoît que l'acide nitreux est saturé d'argent.

Tant que l'acide nitreux agit sur l'argent, il s'exhale de la dissolution des vapeurs rouges; mais lorsqu'il est entièrement saturé, quoiqu'à l'aide de la chaleur la liqueur continue de bouillonner; les fumées qui s'en exhalent ne sont plus rouges : ce changement de la couleur des vapeurs est un signe assez commode, auquel on peut reconnoître que la saturation est aussi complète qu'elle puisse l'être.

La surface de l'argent commence par se noircir dès les premières impressions de l'acide nitreux : cette noirceur est due à une partie du phlogistique de cet acide, qui s'applique, par surabondance, à la surface de l'argent.

Couleur de la dissolution d'argent.

Si l'argent qu'on fait dissoudre est allié d'un peu de cuivre, la dissolution est verte, & conserve cette couleur : s'il est absolument exempt de cuivre, la dissolution sera toujours d'abord de couleur verdâtre ; mais cette couleur se dissipe peu à peu, & la liqueur devient très-blanche.

Or dans l'argent,

Il est très-ordinaire de voir aussi des flocons noirs, auxquels l'acide nitreux ne touche point, se séparer de l'argent, & se précipiter pendant sa dissolution. Ces flocons sont un peu d'or, dont rarement l'argent eſt entièrement exempt.

La diſſolution d'argent par l'acide nitreux eſt plus âcre & plus corroſive que l'acide nitreux pur ; elle ronge & corrode toutes les matières végétales ou animales, & fait ſur la peau des taches noires qui ne s'effacent que par l'uſure & l'abraſion de la partie noircie.

Lorſque l'acide nitreux avec lequel on fait diſſoudre l'argent eſt fort ; ou en faiſant évaporer cette diſſolution juſqu'à un certain point après qu'elle eſt faite, il s'y forme, par le refroidiſſement, une grande quantité de criſtaux blancs, en forme d'écailles, auxquels on a donné le nom de *criſtaux de lune* ; c'eſt un ſel nitreux qui a l'argent pour baſe.

Criſtaux de lune.

Ce ſel ſe fond à une très-douce chaleur, & perd aiſément l'eau de ſa criſtalliſation : il devient tout noir, ſe congèle par le refroidiſſement, & peut ſe mouler : c'eſt alors le fameux cauſtique connu en Chirurgie ſous le nom de *pierre infernale*.

Le nitre lunaire fuſe ſur les charbons ardens. Pouſſé au feu, il ſe décompoſe aſſez facilement : l'acide nitreux quitte l'argent, qui reparoît ſous ſa première forme.

N iv

Premier moyen de séparer l'argent de l'acide nitreux.

Cette décomposition du nitre lunaire par la seule action du feu, offre un moyen de séparer l'argent de son dissolvant, mais trop embarrassant pour être mis en pratique.

2ᵉ. Moyen.

Les alkalis fixes & volatils, & les terres absorbantes ayant plus d'affinité avec l'acide nitreux que n'en a l'argent, sont encore très-propres à opérer la séparation de ce métal, en le précipitant : mais les premiers rendent l'opération fort dispendieuse ; & en employant les secondes, la fonte devient difficile, on a de la peine à rassembler parfaitement tout l'argent ; il faut lui donner un coup de feu très-fort, & y projeter beaucoup de nitre à plusieurs reprises.

3ᵉ. Moyen.

Plusieurs métaux ont aussi plus d'affinité avec l'acide nitreux, que n'en a l'argent, & sont par conséquent capables de le précipiter de sa dissolution. Parmi ceux des métaux Moyen qui mérite la préférence. qui jouissent de cette propriété, le cuivre est celui qu'on préfère pour cette opération, par la raison que c'est celui qu'on a coutume d'allier à l'argent, & que ce dernier retient toujours une certaine quantité du métal qui a servi à sa précipitation.

Procédé.

Pour opérer, par l'intermède du cuivre, la décomposition de la dissolution d'argent par l'acide nitreux, on la verse dans une terrine de grès, on l'étend de trente à quarante fois son volume d'eau, on coule au fond de la terrine une plaque de cuivre rouge bien nette, & on laisse le tout en repos pendant quarante-huit heures. Au bout de ce temps, on décante la liqueur, & on trouve dans le fond de la terrine tout l'argent rassemblé autour de la plaque de cuivre, sous sa forme & son brillant métallique. Cet argent n'a besoin que d'être bien lavé, pour lui enlever toute la dissolution cuivreuse qui le salit : on le fait ensuite sécher, & on le fond en y projetant un peu de nitre pour l'aider à s'assembler.

C'est ainsi que la plupart des Orfévres rassemblent l'argent dans l'opération du départ par l'eau-forte : ce procédé est, sans contredit, le meilleur qu'on puisse employer. J'entrerai un peu plus dans les détails, dans l'article qui traitera spécialement de ce départ.

Quelques Orfévres, au lieu de se servir d'une terrine au fond de laquelle ils ont placé une plaque de cuivre rouge, préfèrent de verser leur dissolution étendue d'eau, dans un chaudron de ce métal. Cette manière d'opérer revient à la première; elle mérite peut-être une forte de préférence, en ce qu'on eft à l'abri des accidens que peut occafionner la fragilité des terrines, & que la précipitation de l'argent s'y fait un peu plus promptement.

Divers moyens ufités pour opérer cette féparation.

La lenteur de la précipitation de l'argent dans l'opération précédente, a fait chercher à fe la procurer par des moyens plus expéditifs.

C'eft dans cette vue que quelques Orfévres font chauffer leur diffolution dans un chaudron de cuivre, & y jettent de la crême de tartre, qui fait précipiter fur le champ l'argent en une poudre blanche. Le tartre n'agit point ici comme tartre, mais comme alkali fixe; l'acide nitreux le décompofe, il s'unit à fa bafe alkaline, & abandonne l'argent. C'eft donc ici proprement une décompofition de la diffolution d'argent par l'alkali fixe, & qu'il feroit bien plus fimple de faire tout uniment par cette fubftance faline : on éviteroit même la néceffité de faire chauffer la liqueur.

Enfin plufieurs Artiftes pompent toute la diffolution avec des chiffons ou des paquets de filaffe, qu'ils brûlent enfuite, & fondent la cendre qui en réfulte, en y projetant du nitre pour affembler l'argent. Cette méthode eft affez bonne lorfqu'on opère en petit, mais en grand elle devient bien embarraffante, par la quantité de chiffons ou de filaffe qu'on confomme pour abforber toute la liqueur.

De toutes ces manières de féparer l'argent de l'eau-forte, je regarde la précipitation par le cuivre comme la plus commode, la moins difpendieufe, enfin comme la meilleure.

L'acide vitriolique n'a aucune action fur l'argent, tant qu'il eft en maffe & que cet acide eft froid: mais fi l'on foumet à l'action du feu, dans une cornue, un mélange d'acide vitriolique & d'argent réduit en lames très-minces, ou en fils très-déliés, ou en grenaille très-fine, l'argent fe diffout complètement ; on trouve au fond de la cornue un *vitriol d'argent* très-peu foluble dans l'eau.

Action de l'acide vitriolique fur l'argent.

En voyant la grande facilité avec laquelle l'acide nitreux attaque l'argent, tandis que l'acide vitriolique le diffout avec tant de peine, qui ne croiroit que ce métal auroit plus d'affinité avec le premier qu'avec le dernier de ces acides ? Et cependant c'eft précifément le contraire. Si dans une diffolution d'argent

par l'acide nitreux, on verfe de l'acide vitriolique, celui-ci enlevera l'argent à l'autre,
& formera un vitriol d'argent, qui, à raifon
de fon peu de folubilité dans l'eau, fe précipitera fous la forme de criftaux, mais fi
petits, qu'ils ont, à la vue fimple, l'air d'une
poudre blanche affez pefante, & qui gagne
fort promptement le fond du vafe.

Cette affinité de l'acide vitriolique avec
l'argent, & l'infolubilité du vitriol qui en
réfulte, font de ces deux fubftances des efpèces
de pierre de touche, pour reconnoître dans
toutes les liqueurs la préfence de l'une ou
de l'autre d'entre elles. Lorfqu'on veut s'affurer fi une liqueur contient ou non de l'acide
vitriolique, on n'a qu'à y verfer quelques
gouttes de diffolution d'argent, & la préfence ou le défaut du vitriol d'argent indiquera l'exiftence ou la non exiftence de cet
acide dans la liqueur. C'eft ainfi qu'en verfant quelques gouttes de diffolution d'argent
dans une eau-forte dont on veut éprouver
la pureté, on s'affure fi elle ne contient pas
d'acide vitriolique, & qu'on la dépouille
même de celui qui peut y être mêlé, en
continuant à y verfer cette diffolution jufqu'à ce qu'il ne fe forme plus de précipité.

Moyen de
reconnoître
la préfence
de l'acide vi-
triolique
dans toute
liqueur, &
notamment
dans l'eau-
forte, & de
l'en féparer.

L'acide marin n'a point d'action fur l'argent, tant qu'il eft en maffe (1); mais, de même que le précédent, il fe combine très-facilement avec lui, lorfqu'il eft tenu en diffolution par l'acide nitreux, & cela parce qu'il a, comme lui, une plus grande affinité avec ce métal, que celle qu'a l'acide nitreux.

Il fuffit de verfer l'acide marin, ou même les fels neutres qu'il forme, tels que le fel marin, le fel ammoniac, & autres, dans la diffolution nitreufe d'argent: on voit fur le champ la liqueur fe troubler par des flocons blancs qui s'attachent les uns aux autres, & forment comme une efpèce de caillé qui nage dans la liqueur, & fe dépofe fort lentement au fond du vafe. Ces flocons font un nouveau compofé, qui eft un fel marin à bafe d'argent, connu en Chimie fous le nom de *lune cornée*.

La lune cornée eft prefque infoluble dans l'eau.

Ce fel eft demi-volatil; fi on l'expofe au

Action de l'acide marin fur l'argent.

Lune cornée.

Son infolubilité.

Sa volatilité.

(1) M. Bayen a découvert que l'acide marin agit fur l'argent & le peut diffoudre, même dans fon état d'agrégation. Voyez la féparation de l'argent d'avec l'étain, fection 3e.

feu dans un creuſet ouvert, il ſe ſublime;

Sa fuſibilité. ſi on l'y expoſe dans un creuſet exactement fermé, il ne ſe volatiliſe pas, il entre en fuſion à un degré de chaleur un peu ſupérieur à celui de l'eau bouillante, & il ſe coagule, par le refroidiſſement, en une maſſe demi-tranſparente & demi-flexible, qui a quelque reſſemblance avec la corne, d'où lui vient ſon nom : mais ſi on pouſſe le feu juſqu'à faire rougir le creuſet, il le pénètre : il n'eſt alors aucun vaiſſeau qui puiſſe le contenir, pas même ceux de verre. .

Ce qui ſe paſſe dans cette diſſolution de l'argent par l'acide marin, nous démontre que quoique cet acide diſſolve plus difficilement l'argent, que ne le fait l'acide nitreux; il a néanmoins avec ce métal plus d'affinité que lui, ainſi que nous l'avons obſervé à l'égard de l'acide vitriolique ; il l'emporte même ſur ce dernier : car ſi dans une diſſolution d'argent par l'acide vitriolique, on verſe de l'acide marin, il s'emparera du métal, & le précipitera en lune cornée.

Différence entre l'apparence extérieure du vitriol d'argent & de celle de la lune cornée. Pour peu qu'on faſſe attention à la forme des précipités qu'occaſionnent les acides vitriolique & marin, en s'emparant de l'argent tenu en diſſolution par l'acide nitreux, on

les diftinguera facilement à l'œil, par l'apparence pulvérulente du premier, & la promp-
titude avec laquelle il fe dépofe, bien différentes de l'efpèce de caillé que forme le fecond, & de la lenteur avec laquelle il gagne
le fond du vafe. Il eft impoffible de les confondre, quand on a l'habitude de les obferver.

L'affinité de l'argent avec l'acide marin, la
propriété qu'il a de fe combiner avec lui
par préférence à tous les acides connus, &
l'infolubilité de la lune cornée, qui fe précipite au milieu de la plus grande quantité
d'eau, rendent ce métal très-propre à déceler
la préfence de cet acide dans une liqueur
quelconque, fi petite que puiffe être la proportion dans laquelle il y eft mêlé : c'eft la
meilleure pierre de touche pour effayer le
degré de pureté de l'acide nitreux ou eau-
forte.

Moyen de reconnoître la préfence de l'acide marin dans toute liqueur, & notamment dans l'eau-forte, & de l'en féparer.

Lorfqu'on veut s'affurer fi une eau-forte
eft plus ou moins chargée d'acide marin, on
y verfe de la diffolution d'argent par l'acide
nitreux très-pur : fi l'eau-forte ne contient
point d'acide marin, elle ne fe trouble pas,
il ne s'y forme aucun précipité ; le contraire
arrive lorfqu'elle en contient, & le préci-

pité eſt d'autant plus abondant que cet acide y abonde plus lui-même.

Si l'on continue à verſer ſur l'eau-forte de la diſſolution d'argent juſqu'à ce qu'elle ceſſe d'y occaſionner un précipité, on parvient à la débarraſſer abſolument du mélange de l'acide marin, & même de celui de l'acide vitriolique, comme nous l'avons dejà obſervé.

Eau-forte précipitée. Cette eau-forte, qui eſt alors de l'acide nitreux abſolument pur, porte le nom d'*eau-forte précipitée*.

On ſent que ce moyen de purifier l'eau-forte ne peut être mis en uſage que pour celle qu'on deſtine à la diſſolution de l'argent; il n'eſt guère mis en œuvre que dans les laboratoires de Chimie & dans les Monnoies.

Le mercure ayant, de même que l'argent, la propriété de s'unir aux acides marin & vitriolique, par préférence à l'acide nitreux, peut auſſi ſervir à la précipitation de l'eau-forte : cette méthode eſt tout auſſi bonne & moins diſpendieuſe que la précédente.

Moyen de ſéparer l'argent de toute ſubſtance métallique quelconque, & de l'obtenir parfaitement pur. L'inſolubilité de la lune cornée fournit un moyen de ſéparer l'argent de tout le cuivre qu'il contient, & généralement de l'alliage de toutes les ſubſtances métalliques qui forment

ayec

avec l'acide marin des fels très-folubles ou déliquefcens.

Pour cela, après avoir diffous l'argent allié, dans l'acide nitreux, on verfe dans cette diffo-lution, de l'acide, ou une folution de fel marin, jufqu'à ce qu'il ne fe faffe plus de précipité ; on laiffe bien dépofer la lune cornée, & après avoir décanté la liqueur, on lave le précipité, pour enlever abfolument tout l'acide nitreux chargé des fubftances métalliques qui altéroient la pureté de l'argent ; on met enfuite égoutter fur un filtre la lune cornée, & lorfqu'elle eft bien féchée, on en revivifie l'argent de la manière que je le dirai inceffamment.

Cet argent eft abfolument pur, & exempt du mélange de toute autre fubftance métallique ; il ne contient pas un atôme de cuivre ni de fer, qui, formant avec l'acide nitreux ainfi qu'avec l'acide marin, des fels déliquef-cens, font reftés en diffolution dans la liqueur, & ont été enlevés par la décantation & par le lavage ; il ne contient ni or, ni platine, ni aucune des fubftances métalliques qui ne font diffolubles que par l'eau régale ; c'eft enfin de l'argent dans le plus grand degré de pu-reté poffible.

Décompo-
sition de la
lune cornée. **Les** moyens de décompoſer la lune cornée pour en retirer l'argent, ſont différens de ceux employés pour opérer la décompoſition de la diſſolution nitreuſe de ce métal & du nitre lunaire : l'inſolubilité de ce ſel s'oppoſe à ſa décompoſition par le cuivre, & ſa volatilité empêche qu'on ne puiſſe l'opérer par l'action du feu. On a donc recours à d'autres moyens, parmi leſquels je choiſirai les ſuivans, qui ſont les ſeuls en uſage, comme les plus commodes & les moins diſpendieux.

1ᵉʳ. moyen. **Le** premier conſiſte à mêler une partie de lune cornée très-ſèche avec quatre parties d'alkali fixe auſſi très-ſec; on met ce mélange dans un creuſet exactement couvert; on le place au milieu des charbons; on le fait d'abord rougir médiocrement, & on l'entretient à ce degré de chaleur juſqu'à ce qu'on juge que l'alkali fixe a décompoſé totalement le ſel marin à baſe d'argent, en ſe combinant avec ſon acide; on augmente alors le feu, & on pouſſe à la fonte : après avoir laiſſé refroidir le creuſet, on le caſſe, & on ſépare d'un coup de marteau le régule d'argent, des ſcories ſalines qui le recouvrent.

2ᵉ. moyen. **Le** ſecond procédé conſiſte à ſubſtituer l

favon noir à l'alkali fixe, & à en faire une
pâte avec la lune cornée ; on met cette pâte
dans un creufet au milieu des charbons ; on
ne la chauffe d'abord que médiocrement, &
feulement autant qu'il faut pour lui enlever
toute fon humidité : lorfqu'après l'avoir fait
rougir obfcurément, elle ceffe de fumer, on
découvre le creufet, on pouffe à la fonte, &
on procède, quant au refte, comme dans l'opération précédente.

Ce dernier procédé eft fondé, comme l'autre,
fur l'affinité de l'alkali fixe avec l'acide marin ; il lui reffemble parfaitement quant à
l'effet ; mais il m'a paru préférable : j'ai conf-
tamment obfervé qu'il occafionnoit moins
de déchet.

J'ai réuffi auffi, par un procédé bien plus ₃ᵉ. moyen
fimple que les deux précédens, à revivifier
l'argent de la lune cornée.

J'ai projeté ce fel dans une leffive alkaline
bouillante : l'alkali fixe s'eft emparé de l'acide
marin, & l'argent s'eft précipité au fond du
vafe.

En fondant enfuite cet argent avec du
litre, je l'ai obtenu dans le plus grand état
e pureté poffible, & fans déchet.

Quoique l'acide marin n'attaque point l'argent, tant qu'il eſt en liqueur, & ce métal en maſſe, nous verrons cependant, dans l'opé-ration du départ concentré, qu'il le diſſout parfaitement lorſqu'il eſt réduit en vapeurs, & que l'argent eſt en état d'incandeſcence.

L'eau régale n'a pas plus d'action ſur l'ar-gent, que l'acide nitreux n'en a ſur l'or : c'eſt ſur ces propriétés que ſont fondés le départ par l'eau-forte & le départ inverſe.

L'argent ſe combine avec le ſoufre, & formé avec lui une maſſe noirâtre, reſſemblante à peu près à du plomb. Comme le ſoufre n'a aucune action ſur l'or, cette propriété fournit un moyen de ſéparer ces deux métaux, connu ſous le nom de départ ſec.

Rien n'eſt plus facile que de revivifier l'ar-gent ainſi uni au ſoufre ; il ſuffit de le tenir en fuſion avec le libre concours de l'air exté-rieur ; le ſoufre ſe brûle, & l'argent reſte pur au fond du creuſet.

Cette réduction ſe fait auſſi très-commo-dément en faiſant détoner l'argent ſulphuré avec du nitre : la ſéparation ſe fait en un inſtant.

Le foie de ſoufre diſſout l'argent comme il diſſout l'or, par la voie ſèche, au point de le rendre ſoluble dans l'eau, & de le faire paſſer avec lui à travers le filtre. Si l'on verse un acide dans cette liqueur, le foie de foufre fe décompofe, & l'argent & le foufre fe précipitent enfemble.

La vapeur du foufre & celle du foie de foufre communiquent toujours à l'argent une couleur noire.

S E C T I O N   I I.

Des divers alliages de l'argent ufités dans l'Orfèvrerie.

Les alliages dont je traiterai dans cette fection, font ceux de l'argent avec l'or, avec le cuivre, le plomb, le mercure, & l'étain; ce font les feuls qu'on a coutume de faire, ou qu'on rencontre faits, foit naturellement, foit par accident, les feuls par conféquent dont la connoiffance entre dans le plan de cet ouvrage.

L'or s'unit à l'argent dans toutes propor- *Alliage de l'argent avec l'or.* tions, comme nous l'avons déjà vu à l'article qui traite du premier. Ces métaux alliés perdent fort peu de leur ductilité; mais ils acquièrent de la roideur & de l'élafticité : une vingtième partie d'argent rend l'or fenfiblement pâle.

O iij

Ses usages. Cet alliage est peu d'usage dans l'Orfé-vrerie ; on ne l'emploie guère que pour fouder l'or, pour préparer celui des Emailleurs, & pour donner à l'or les diverses nuances pâles, jaunes, & vertes, qu'on applique depuis quelque temps sur les tabatières, les boîtes de montres, les étuis, & autres bijoux en or. Il a été long-temps usité dans les Monnoies ; mais il y est absolument abandonné.

Avec le cuivre. Le cuivre rend l'argent plus dur, plus sonore, sans cependant diminuer sensiblement sa ductilité ; il le rend moins susceptible de perdre sa malléabilité par la vapeur du charbon, ce à quoi il est très-sujet.

Ses usages. Les propriétés du cuivre, relativement à l'argent, rendent l'alliage de ces deux métaux d'un très-grand usage dans l'Orféyrerie & dans les Monnoies, parce qu'il rend les ouvrages qu'on en forme, plus fermes & plus propres à être travaillés.

La quantité de cuivre qu'on allie avec l'argent, varie suivant les différens pays ; mais elle est ou doit être déterminée, fixe, & constante dans chaque pays. En France, le titre de l'argent est à onze deniers douze grains, au remède de deux grains.

L'alliage du cuivre & de l'argent sert de foudure pour ce dernier; on les mêle, pour remplir cet objet, dans des proportions relatives au degré de fusibilité qu'on a besoin de communiquer à la foudure : on fait dans les ateliers des foudures qui contiennent depuis un huitième jusqu'à un tiers de cuivre; on en a à plusieurs degrés, & on les marque pour les reconnoître.

L'alliage du cuivre & de l'argent est d'une pesanteur spécifique plus grande que les règles de proportion ne semblent l'indiquer. *Sa pesanteur.*

Le fer s'allie bien avec l'argent : cet alliage n'est d'aucun usage; cependant, comme l'argent facilite la fusion du fer, il semble que cet alliage pourroit servir à souder les petits ouvrages de fer & d'acier, tout aussi bien que celui de l'or. *Avec le fer.* *Ses usages.*

L'étain agit sur l'argent, comme il le fait sur l'or, c'est-à-dire, qu'il le rend aigre & cassant, en si petite quantité qu'il lui soit allié; sa vapeur même est capable d'enlever la ductilité à une grande quantité de ce métal. On évite donc, autant qu'on le peut, l'alliage de ces deux métaux. *Avec l'étain.*

Le plomb s'allie à l'argent en toutes proportions : cet alliage sert à purifier l'argent, *Avec le plomb.*

Q iv

comme nous le verrons en traitant de la
coupellation.

Des moyens de reconnoître la pureté de l'argent.

Ceux qui font accoutumés à l'infpection
de l'argent diverfement allié, peuvent juger
à peu près, par la couleur de toute maffe
donnée, la proportion de l'alliage.

On en juge encore mieux, en touchant
fur la pierre l'alliage dont on veut connoître
les proportions, à côté d'une autre touche
faite avec de l'argent dont on connoît le titre,
& qu'on eftime être celui de la pièce qu'on
effaye.

La pefanteur fpécifique ne peut pas être
d'un grand fecours pour déterminer les proportions de l'alliage du cuivre avec l'argent,
vu que celle de ces deux métaux n'eft pas
affez différente, pour qu'elle puiffe être bien
fenfible lorfque le cuivre n'eft uni qu'en petite quantité à l'argent ; & que de plus,
comme nous venons de le voir, la pefanteur de cet alliage eft plus confidérable que
les règles de l'alliage ne femblent l'indiquer.

On reconnoît jufqu'à un certain point la
pureté de l'argent allié au cuivre, en le faifant

rougir fur des charbons ardens ; il noircit plus ou moins à fa furface. L'argent pur ne change point abfolument de couleur.

Mais fi toutes ces méthodes peuvent faire connoître que l'argent eft plus ou moins mêlé de cuivre, aucune ne peut déterminer les proportions refpectives de ces métaux dans une maffe quelconque ; ce n'eft que par les différens affinages qu'on peut parvenir à s'affurer du titre de l'argent ; & parmi ces opérations, la coupellation par le plomb eft la meilleure, la feule dont le réfultat foit certain & invariable, lorfqu'on y procède avec toute l'attention requife.

SECTION III.

Des moyens de féparer l'argent d'avec les fubf-
tances métalliques auxquelles il peut être allié.

On donne, en Chimie & dans plufieurs Arts, le nom d'affinage aux différentes opérations qu'on met en pratique pour la purification de quelques fubftances, & particulièrement pour celle de l'or & de l'argent ; mais dans l'Orfévrerie, chacune de ces opérations eft défignée par un nom particulier,

& le nom d'affinage est spécialement affecté
à la purification de l'argent par le nitre.

Affinage de l'argent par la seule action du feu. A la rigueur, l'argent étant indestructible
par l'action du feu, on pourroit le purifier
de l'alliage de tous les métaux imparfaits,
en le tenant en fusion avec le libre accès
de l'air, pendant un temps suffisant pour vo-
latiliser ou détruire par la calcination, suivant leur nature, toutes les substances métalliques imparfaites dont le mélange altère
sa pureté. Mais ce moyen, le premier & le
seul qui ait été employé pendant long-temps,
est actuellement abandonné, à cause de la
longueur de l'opération.

De l'affinage de l'argent par le nitre.

L'affinage de l'argent par le nitre est fondé
sur la propriété que nous avons reconnu qu'a
ce sel de réduire en chaux les métaux imparfaits. Ce moyen de purifier l'argent est le
plus usité, comme le plus commode, le plus
prompt, & le moins dispendieux. On y procède de la manière suivante.

Procédé. On stratifie de la limaille d'argent ou de
la grenaille bien menue, avec un cinquième
de son poids de nitre de trois cuites, réduit

en poudre, dans un creuset auquel on adapte
un autre creuset percé dans son fond d'un
petit trou ; on lute exactement la jointure
des deux creusets avec l'argile détrempée ;
on place l'appareil dans le fourneau de fusion,
& on donne un degré de feu capable de
faire bien rougir le mélange ; on entretient
le feu en cet état assez long-temps pour que
le nitre puisse calciner tout le cuivre qui
altéroit l'argent : alors on augmente assez le
feu pour faire entrer l'argent en bonne fusion ; puis on retire les vaisseaux du fourneau, on casse le creuset lorsqu'il est refroidi,
& on trouve dans son fond l'argent en culot,
recouvert d'une scorie alkaline de couleur
verte, qu'on en sépare d'un coup de marteau.

Dans cette opération, le nitre, par l'effet Remarques.
de sa détonation, sépare les métaux imparfaits de leur phlogistique, les calcine : à mesure qu'ils sont réduits en chaux, ils se sé-
parent de l'argent, avec lequel ils ne peuvent
plus rester uni, par le principe que nous
avons posé ; que les substances métalliques
en fusion ne peuvent contracter d'union avec
les terres & chaux, pas même avec la leur ;
ces chaux étant aussi spécifiquement plus

légères, montent au-deſſus de l'argent, où elles forment une ſcorie avec l'alkali du nitre qu'elles y rencontrent. L'argent, au contraire, qui réſiſte très-bien à l'action du nitre, ſe trouve ainſi débarraſſé de ſon alliage, purifié du mélange de toute ſubſtance métallique étrangère, excepté l'or.

Comme cette purification de l'argent ne ſe fait qu'autant que le nitre détone avec les métaux qui lui ſont alliés, & que cette détonation eſt toujours accompagnée de gonflement & d'effervefcence, il eſt néceſſaire que le creuſet ne ſoit plein qu'aux deux tiers, & que le mélange ne ſoit point enfermé trop exactement, ſans quoi l'effervefcence ſeroit capable de briſer les vaiſſeaux, & l'on perdroit une bonne partie de la matière : c'eſt par cette raiſon qu'on pratique le petit trou au fond du creuſet qui ſert de couvercle.

Ce petit trou eſt auſſi fort utile pour faire connoître le degré convenable du feu pendant l'opération : pour cet effet, on préſente à ſon orifice un charbon ardent; ſi l'on voit une lueur brillante autour de ce charbon, & qu'on entende en même temps un ſifflement léger, c'eſt une marque que l'opération va bien ; il faut foutenir le feu au même degré : fi la flamme & le fifflement font confidérables, c'eft une marque certaine que la détonation du nitre, qui les occafionne, fe fait avec trop de violence ; il faut alors diminuer beaucoup le feu, fans quoi une très-grande partie du nitre feroit enlevée, & emporteroit avec elle une portion notable de l'argent, qui feroit perdue ; & même, quelques précautions qu'on puiffe prendre, il n'eft guère poffible d'éviter qu'il n'y ait quelque déchet fur ce métal ; on en trouve toujours quelques grenailles dans le creufet fupérieur & autour de fon petit trou. Cet inconvénient eft caufe qu'on ne peut faire fervir cette opération à l'effai & à la détermination du titre de l'argent, & qu'on eft obligé d'avoir recours à la coupellation.

La purification de l'argent par le nitre a néanmoins fes avantages ; elle eft plus prompte & plus expéditive que la coupellation ; le déchet eft peu confidérable, & l'argent très-pur, lorfqu'on apporte toutes les attentions convenables en opérant. C'eft fur-tout de la conduite du feu que dépend fon fuccès. On peut revoir, à ce fujet, ce qui a été dit en

traitant de la purification de l'or par l'antimoine.

Quelques Auteurs prescrivent d'ajouter au
nitre une demi-partie de potasse & un peu
de verre ordinaire : mais ces additions, la
dernière sur-tout, sont parfaitement inutiles ;
le nitre suffit, quand l'opération est bien conduite.

Choix du nitre. Quelques Orfévres, croyant économiser,
sont dans l'usage de se servir du nitre de
première cuite : mais outre qu'il n'y a point
d'économie réelle, puisqu'ils sont obligés
d'en employer un tiers, tandis qu'un cinquième suffit lorsqu'on se sert du nitre de
trois cuites, ce qui revient exactement au
même quant au prix ; la grande quantité
de sel marin qu'il contient le doit faire bannir
de cette opération, puisque, comme je l'ai
déjà dit, & comme nous le démontrera l'opération du départ concentré, l'acide marin
réduit en vapeurs attaque l'argent, & le convertit en lune cornée, qui, se dissipant à mesure qu'elle se forme, ne peut qu'occasionner
un déchet d'autant plus considérable que
l'opération aura été mieux gouvernée, le feu
mieux ménagé.

Du départ.

Le départ est une opération par laquelle on sépare l'or de l'argent.

Comme ces deux métaux résistent aussi bien l'un que l'autre à l'action du feu & à celle du plomb, il faut avoir recours à d'autres moyens pour les séparer. Il n'y auroit pas moyen d'opérer cette séparation, si l'argent résistoit à tous les dissolvans qui n'ont point d'action sur l'or; ou si ce métal, de son côté, cédoit à tous ceux qui attaquent l'argent : mais il n'en est point ainsi. L'acide nitreux, l'acide marin, le soufre, qui, comme nous l'avons vu, ne peuvent dissoudre l'or, attaquent au contraire l'argent avec une très-grande facilité, tandis que l'eau régale, qui n'a aucune action sur ce dernier métal, est le dissolvant de l'or; & ces quatre agens fournissent autant de moyens de séparer l'argent de l'or, ou de faire l'opération du départ.

Celui par l'acide nitreux ou eau-forte est le plus commode, & à cause de cela le plus usité; c'est même presque le seul qui soit pratiqué dans l'Orfévrerie & dans les Monnoies : il se nomme, pour cette raison, simplement *départ*. Je le nommerai *départ par*

l'*eau-forte*, pour le diftinguer des autres départs dont j'ai à traiter.

Le départ par l'acide marin porte le nom
de *départ par cémentation*, parce qu'il ne peut
fe faire que par ce moyen : il porte auffi le
nom de *départ concentré*, à caufe de l'état de
concentration fous lequel on y emploie l'acide
marin.

Celui par le foufre fe fait par la fufion,
que les Chimiftes appellent la voie fèche :
c'eft ce qui lui a fait donner le nom de *départ fec*.

On nomme enfin *départ inverfe*, celui dans
lequel, au lieu de diffoudre l'argent par l'a-
cide nitreux, pour le féparer de l'or qui refte
intact au fond du vaiffeau, on diffout, au contraire, l'or par l'eau régale, qui, n'attaquant
point l'argent , le laiffe dans le même état
qu'eft demeuré l'or dans le départ par l'eau-
forte.

Du départ par l'eau-forte.

Procédé du départ ordinaire.

On réduit en grenailles la maffe d'argent
allié d'or dont on veut faire le départ ; on la met
dans un matras à cul plat, & l'on verfe deffus
environ une fois & demie fon poids d'eau-
forte de moyenne force ; on aide la diffolution,

fur-tout

fur-tout dans le commencement par la chaleur, en plaçant les matras fur quelques charbons allumés, qui ne brûlent que foiblement,
faute d'un courant d'air. Lorfque, malgré la
chaleur, on n'aperçoit plus aucun figne de
diffolution, on décante la liqueur ; on verfe
une petite quantité de nouvelle eau-forte
qu'on fait bouillir fur le réfidu, & qu'on
décante comme la premiere fois. Il eft même
d'ufage de faire bouillir une troifieme fois
de l'eau-forte fur le métal qui refte, pour
être bien affuré qu'on a diffout exactement
tout l'argent ; on lave enfuite l'or à plufieurs
reprifes dans beaucoup d'eau ; on met cette
eau des lavages avec la diffolution d'argent,
dans une terrine ; on les étend de beaucoup
d'eau ; on coule au-fond de la terrine une
plaque de cuivre, & on laiffe le tout re-
pofer pendant quarante-huit heures : au bout
de ce temps, on décante la liqueur de deffus
le cuivreau, fur lequel on trouve tout l'argent
dépofé fous fon brillant métallique, & affec-
tant une forte de criftallifation régulière. On
lave ce dépôt à plufieurs reprifes, & on le
fond en l'affemblant avec le nitre.

Cet argent, lorfque le départ a été bien
fait, eft très-pur ; il fe nomme *argent de départ*.

P.

On donne le même nom à l'or qu'on a obtenu, &, qui après avoir été fondu avec un peu de nitre, est aussi absolument pur, lorsque l'opération a été faite avec toutes les attentions dont je viens de parler.

Cette méthode est celle qu'on a coutume d'employer à la séparation de l'or d'avec l'argent, lorsqu'on ne veut que se procurer ces deux métaux à part ; mais si l'on veut connoître au juste leurs proportions respectives, il faut alors agir avec un peu plus de précaution.

Lors donc qu'on veut faire le départ pour essai, ordinairement on le fait en petit de la manière suivante.

Procédé du départ pour essai, On commence par réduire le métal allié en lames minces qu'on roule en cornets ; on met ces cornets dans un petit matras ou dans une fiole à médecine ; on verse par-dessus de l'eau-forte affoiblie d'eau pure en trop grande quantité plutôt qu'en trop petite ; on place le matras sur les charbons, & on fait chauffer assez rapidement, jusqu'à ce que l'effervescence annonce que la dissolution se fait avec assez de vigueur : lorsque l'eau-forte ne travaille plus (ce qu'on reconnoît, 1°. en retirant le matras de dessus le feu, parce qu'alors l'ébullition cesse dès que la chaleur commence à diminuer ; 2°. par l'absence des vapeurs rouges), on décante la dissolution ; on passe sur les cornets, comme dans le départ précédent, de l'eau-forte affoiblie, à plusieurs reprises, & on lave de même l'or dans l'eau pure ; enfin on verse une partie de l'eau du dernier lavage avec les cornets, dans un petit creuset qu'on fait rougir sous une moufle.

Dans ces deux départs, l'or se trouve terni *Remarques.* & noirci vraisemblablement par le phlogistique de l'acide nitreux ; mais le recuit lui rend sa couleur naturelle.

Les cornets, au sortir de l'opération, se brisent avec la plus grande facilité ; les parties de l'or qui les forment, n'ont presque point d'adhérence entre elles, à cause des interstices qu'a laissés l'argent qui a été dissous ; ils prennent dans le recuit beaucoup de retraite, à raison du rapprochement de leurs parties : ces morceaux d'or se trouvent après cela beaucoup plus solides ; en sorte qu'on peut les manier facilement sans les briser. Cet or se nomme *or en cornets* : on évite de le faire fondre, & on lui conserve cette forme, pour faire connoître que c'est de l'*or de départ*.

P ij

La raiſon pour laquelle on réduit ainſi l'or en cornets pour les expériences d'eſſai, c'eſt qu'on le recueille plus facilement, & qu'on court moins de riſque d'en perdre, lorſqu'il eſt ainſi en petites maſſes, que s'il étoit en poudre.

C'eſt auſſi pour cela qu'on affoiblit l'eau-forte, lorſqu'on procède à la repriſe ou extraction des dernières portions d'argent que retient le cornet : ſans cette précaution, les parties de l'or ne manqueroient point d'être déſunies & réduites ſous la forme d'une pou-dre, à cauſe de l'activité avec laquelle ſe feroit la diſſolution, & par-là plus difficiles à raſ-ſembler ſans perte (1).

Rien n'eſt ſi facile, lorque le départ a été fait avec toutes les attentions décrites, que de ſavoir au juſte la quantité d'or que con-tenoit l'argent qu'on a ſoumis à cette opéra-

_____

(1) Il faut au préalable, dit M. Sage, ne point em-ployer une plus grande quantité d'acide nitreux, mais ſur-tout que cet acide ne ſoit point trop concentré, parce qu'il diſſoudroit l'or : il eſtime la perte occaſionnée par cette diſſolution à vingt-quatre grains d'or par marc de ce métal. Cette obſervation importante ajoute encore à la néceſſité d'affoiblir l'eau-forte, lorſqu'on procède à la repriſe.

tion; il ne s'agit que de peser les cornets.
Ce procédé a cela de commode, qu'on peut,
en l'exécutant sur une petite portion d'une
grande masse d'argent tenant or, juger des
proportions respectives de ces métaux dans
toute la masse, avec autant de précision que
si on l'eût soumise tout entière au départ.

Quand je dis que l'or & l'argent de départ sont très-purs, il ne faut pas prendre
cette assertion à la dernière rigueur; car
quelque exactitude qu'on ait apportée dans l'o-
pération du départ, il reste toujours une petite portion d'argent unie à l'or. Cramer estime
cet alliage depuis un cent cinquantième jusqu'à un deux centième de la masse.

Quoique le départ par l'eau-forte soit facile, il ne peut cependant réussir ou être
bien exact, à moins qu'on n'observe plusieurs
pratiques qui sont essentielles.

La première condition sans laquelle le départ ne sauroit être exact, c'est que l'eau-forte
soit très-pure, exempte du mélange d'acide
vitriolique, & sur-tout d'acide marin : si l'on
n'a point cette attention, ce dernier acide,
s'il est en petite quantité, s'unira à une partie
de l'argent, & se précipitera avec lui en lune
cornée, qui restera confondue avec l'or. La

majeure partie de l'argent ainsi déposé en
lune cornée, sera volatilisée par l'action du
feu, & par conséquent absolument perdue ;
& la portion qui aura été revivifiée pendant la fonte, s'unira à l'or, qui ne s'en trouvera par conséquent pas entièrement exempt
après un pareil départ. C'est-là la raison pour
laquelle il arrive assez fréquemment que deux
essais faits sur le même lingot donnent des
différences dans les résultats ; cette variation
n'est très-certainement occasionnée que par
la plus ou moins grande pureté de l'eau-forte
qu'on a employée ; car le départ bien fait est
une opération sûre & absolument invariable
dans ses produits.

Si l'eau-forte contient beaucoup d'acide
marin, ou le départ ne se fera pas, parce
qu'alors c'est une eau régale qui n'a point d'action sur l'argent ; ou, après qu'elle aura dissous
l'argent, elle dissoudra aussi l'or : ainsi le
départ n'aura pas encore lieu.

Je n'ai vu que deux à trois fois le premier
cas arriver ; mais j'ai vu souvent le second :
& une chose assez singulière que j'ai remar-
quée plusieurs fois, c'est que l'or parois-
soit bien déposé au fond du matras ; on
décantoit la dissolution d'argent, on versoit

de l'eau fur l'or pour le laver ; il s'y diſſol-
voit en partie, & le reſte étoit ſi léger, qu'il
étoit impoſſible de le raſſembler ; en ſorte
qu'on étoit obligé de verſer pêle-mêle dans
la même terrine la diſſolution d'argent &
l'or, de raſſembler le tout enſemble par le
nitre, de le fondre, & de le départir de
nouveau. Ce phénomène qui ne ſera pas
nouveau aux yeux des Orfévres qui départ-
iſſent ſouvent, le ſera à ceux des Chimiſtes
qui n'ont pas eu, comme moi, occaſion de
pratiquer ou voir pratiquer un grand nombre
de fois cette opération.

Je ne répéterai pas ici ce que j'ai dit ſur
les qualités que doit avoir l'eau-forte pour
être bonne, ſur les ſignes extérieurs auxquels
on peut la connoître, ſur les moyens que
fournit la Chimie pour s'aſſurer de ſa pureté,
& de la nature des acides qui l'altèrent, &
ſur ceux de la purifier, en l'en débarraſſant :
on peut recourir aux divers articles dans leſquels ces détails ſont conſignés.

La ſeconde condition néceſſaire pour la Proportions de l'or & de l'argent,
réuſſite du départ, conſiſte en ce qu'il faut
que l'or & l'argent ſoient dans une proportion convenable ; car s'il y avoit une trop
grande quantité d'or par rapport à celle de

l'argent, ce dernier métal feroit recouvert
& garanti de l'action de l'eau-forte par le premier, & le départ ne fe feroit point, ou fe
feroit très-mal.

On éprouve donc, par les divers moyens
dont j'ai parlé en traitant de l'alliage de ces
métaux, quelles peuvent être leurs proportions dans la maffe qu'on veut départir. Si
cette épreuve indique qu'il n'y a pas à peu
près trois fois plus d'argent que d'or, cette
maffe n'eft pas propre à l'opération du départ par l'eau-forte ; mais il eft facile d'y
ajouter la quantité d'argent qui lui manque
pour être dans la proportion convenable ;
& c'eft auffi ce que l'on fait. Cette opéra-
Inquart ou tion fe nomme *inquart* ou *quartation*, parce
quartation. qu'elle réduit la proportion de l'or au quart
de la maffe totale.

On peut, à la rigueur, départir par l'eau-
forte une maffe qui ne contient que deux
parties d'argent fur une partie d'or ; mais
alors il faut que l'eau-forte foit moins affoiblie, & la féparation fe fait plus difficilement & plus lentement, fur-tout dans le commencement : on eft obligé, pour mettre en
train la diffolution, de la chauffer affez fortement. Ainfi, quoiqu'on puiffe fe difpenfer de

faire l'inquart quand la quantité d'argent est
évidemment plus grande que celle de l'or, il
est néanmoins toujours plus avantageux de
faire cette opération ; & ceux qui ne con-
noissent pas les proportions de la masse qu'ils
ont à départir, & qui ne sont pas assez exercés
pour la juger à l'œil ou par la touche,
doivent ajouter une quantité d'argent indé-
terminée, mais plutôt trop grande que trop
petite ; car la grande quantité de ce métal
est plus favorable que nuisible au départ :
elle n'a d'autre inconvénient que d'occasionner plus de frais inutiles, attendu que
plus il y a d'argent, & plus il faut employer
d'eau-forte.

Lorsqu'on veut obtenir, par le départ, l'or
& l'argent absolument purs, il faut faire précéder cette opération de l'affinage de la masse
par le nitre ; & c'est aussi ce que les Orfévres sont dans l'usage de faire.

Du départ inverse, ou par l'eau régale.

Lorsque la quantité de l'or surpasse celle
de l'argent, & qu'on ne veut pas faire l'opération de l'inquart, on peut, au lieu d'eau-
forte, se servir d'eau régale ; ce qui fait une
espèce de départ inverse, parce que l'eau

régale diffout l'or, & ne diffout point l'argent; elle réduit ce dernier en lune cornée, qui refte, après l'opération, fous la forme d'un précipité qu'on peut féparer en décantant la diffolution d'or.

Mais cette méthode n'eft point ufitée, 1°. à caufe des manipulations embarraffantes qu'il faut employer pour féparer enfuite l'or d'avec l'eau régale; car fi on fait ce départ avec de l'eau régale préparée avec le fel ammoniac, comme c'eft l'ordinaire, ou fi l'on précipite l'or par l'alkali volatil, il eft fulminant, & demande des opérations particulières pour être réduit, ainfi que je l'ai expliqué dans la première fection du chapitre précédent; & fi l'eau régale a été faite par le mélange des acides marin & nitreux, & qu'on en fépare l'or par l'alkali fixe; cet or à la vérité n'eft point fulminant; mais dans ce cas la précipitation en eft très-lente, & peut même être incomplète.

2°. Si l'on précipite l'or par le cuivre, cet or n'eft pas abfolument pur; il retient toujours un peu du cuivre qui a fervi à le précipiter.

3°. Dans ce départ, l'argent n'eft pas en poudre & avec toutes fes propriétés mé-

talliques, comme l'eſt l'or dans le départ ordinaire ; il eſt précipité en lune cornée, par
l'effet de ſon union avec une partie de l'a-
cide marin de l'eau régale : mais cette ſéparation ne peut point être abſolument entière, attendu qu'il y a toujours une petite
portion de cette lune cornée qui reſte diſſoute
dans les acides : ainſi l'argent n'eſt pas ſi
exactement dépouillé d'or dans le départ par
l'eau régale, que l'or l'eſt de l'argent dans
le départ par l'eau-forte.

Du départ concentré, ou par cémentation

Le départ concentré, ou par cémentation,
ſe fait de la manière ſuivante.

On prépare d'abord un cément com- Procédé.
poſé de quatre parties d'argile bien ſèche,
une partie de vitriol vert, & une partie de
ſel marin ; on mêle toutes ces matières réduites en poudres, & on en fait une pâte
ferme, en l'humectant avec de l'eau. Ce cément
ſe nomme cément royal, parce qu'il ſert à
purifier l'or, que les Chimiſtes regardent
comme le roi des métaux.

D'un autre côté, on réduit l'or qu'on veut
cémenter, en lames à peu près auſſi minces
que les pièces de billon : on met au fond du

creufet une couche de cément de l'épaiffeur
d'un travers de doigt ; on ftratifie les lames
d'or fur cette couche ; on remet par-deffus
une nouvelle couche de cément; on emplit
ainfi le creufet, en mettant toujours l'or
entre deux couches de cément, & on le
couvre avec un couvercle qu'on y lute avec
de l'argile détrempée ; on place ce creufet
dans le fourneau de fufion ; on le chauffe par
degré jufqu'à ce qu'il foit médiocrement rouge,
& on entretient cette chaleur pendant environ
vingt-quatre heures; on laiffe après cela refroidir le creufet, & on l'ouvre pour en retirer l'or, qu'il faut féparer exactement d'avec
le cément qui l'environne. Il faut, après cela,
faire bouillir l'or à plufieurs reprifes dans
une grande quantité d'eau ; on en fait l'effai
fur la pierre de touche, ou autrement ; &
fi on ne le trouve point affez pur, on le
foumet une feconde fois à la même opération ; fi au contraire il eft très-pur, on le
fond.

On fépare enfuite l'argent du cément, en
le faifant fondre avec une fuffifante quantité
de plomb, & coupellant le culot.

Il eft très-effentiel que la chaleur ne foit
pas capable de faire fondre l'or.

Dans cette opération, l'acide du vitriol & l'argile dégagent l'acide du sel marin ; & ce dernier diffout l'argent allié à l'or, & l'en sépare par ce moyen, en le convertissant en lune cornée.

Cette expérience prouve, que quoique l'acide marin ne puisse attaquer l'argent tant qu'il est en liqueur, il est cependant un puissant dissolvant de ce métal ; mais qu'il faut pour cela qu'il soit appliqué à l'argent dans un état de vapeur, dans une concentration extrême, & aidé d'un degré de chaleur considérable. Toutes ces circonstances, dont j'ai déjà annoncé plus haut une partie, se trouvent réunies dans cette opération.

Elle prouve encore que, malgré tout ce qui favorise ici l'action de l'acide marin (1), il ne peut cependant attaquer l'or.

Quelques Chimistes prescrivent de mettre

---

(1) On a découvert depuis peu un moyen de rendre l'acide marin capable de dissoudre l'or ; mais ce moyen n'a aucun rapport avec les expériences dont je traite dans cet Ouvrage ; c'est pourquoi je n'en parle pas, & regarde cet acide comme étant sans action sur ce métal.

dans le cément de la brique pilée, au lieu d'argille ; ce qui est très-indifférent.

Quelques autres composent leur cément de quatre parties d'argile, deux parties de sel marin, & une partie de sel ammoniac. Ce cément est beaucoup plus chargé d'acide marin, & pourroit mériter la préférence, quand la quantité d'argent à dissoudre est considérable ; mais je pense qu'il faudroit y ajouter deux parties de vitriol vert, pour faciliter la décomposition des sels.

On peut substituer le nitre au sel marin, & l'opération réussit également bien, à cause des secours que l'acide nitreux trouve alors pour dissoudre l'argent, malgré la quantité d'or qui le défend de son action.

Plusieurs Chimistes & artistes font même entrer le nitre, & le sel marin ou le sel ammoniac, dans la composition du cément royal ; ce qui semble prouver que l'eau régale appliquée de cette manière en même temps à l'or & à l'argent, dissout ce dernier métal par préférence au premier.

J'ai dit qu'on sépare l'argent du cément en le faisant fondre avec une suffisante quantité de plomb ; c'est là en effet le procédé ordi-

naire : mais fi l'on fe rappelle ce qui a été
dit fur la revivification de la lune cornée,
on fentira que la volatilité de ce fel doit occafionner un déchet confidérable fur l'argent :
on doit donc, pour remédier à cet inconvénient, traiter le cément de même qu'on traiteroit la lune cornée pure, en le mêlant, foit
avec de l'alkali fixe, foit avec du favon noir.

Le départ concentré n'eft point auffi ufité
que celui qui fe fait par l'eau-forte, parce
qu'il eft plus long & plus embarraffant, moins
fûr pour déterminer le titre de l'or, attendu
que les vapeurs acides qui s'élèvent du cément, ne peuvent, en quelque forte, agir
qu'à la furface des lames d'or. Il faudroit,
par cette raifon, fi l'on vouloit purifier exactement l'or par ce procédé, le refondre &
cémenter une feconde & même plufieurs
autres fois ; ce qui deviendroit fort long &
fort laborieux.

Ce départ eft cependant avantageux, lorfque l'or fe trouve allié avec de l'argent en
trop grande quantité pour qu'on puiffe faire
le départ par l'eau-forte, & qu'on ne veut
pas le faire par l'eau régale, ni l'inquarter :
ce font les feuls cas où on le fait.

Il eft encore très-utile dans certaines occafions. Il convient fur-tout pour rehauffer beaucoup l'éclat de certains bijoux faits avec de l'or d'un bas titre. Les Joailliers foumettent ces bijoux, avant que de les polir, à cette cémentation ou à une équivalente ; ce qu'ils appellent donner la fauffe. La furface de ces bijoux eft débarraffée par ce moyen de l'alliage qui ternit & affoiblit la couleur de l'or, & prend enfuite, par le fini & le poli, l'éclat d'un or très-fin, quoique le corps du bijou foit d'un titre affez bas.

Du départ fec.

Procédé.   Le départ fec fe fait en ftratifiant l'argent aurifère réduit en grenailles ou en lames, dans un creufet avec du foufre en poudre, ou de la fleur de foufre. On tient ce mélange obfcurément rouge pendant un temps fuffifant pour donner au foufre le temps de fe combiner avec l'argent ; on augmente le feu par degrés, & on le pouffe jufqu'à faire fondre l'or ; on le foutient en cet état pendant une bonne demi-heure ; on laiffe enfuite refroidir le creufet, & après l'avoir caffé, on fépare le culot d'or qu'il contient, des fcories qui le recouvrent. Il faut obferver que le creufet doit être exactement couvert

&

& luté, pour empêcher l'accès de l'air, qui occasionneroit la combustion du soufre.

Dans cette opération, le soufre s'unit à Remarques, l'argent & à toutes les autres substances métalliques qui altèrent la pureté de l'or, sans toucher à ce métal, sur lequel il n'a, comme je l'ai dit, aucune action.

Il ne s'agit plus que de retirer l'argent des scories dans lesquelles il se trouve combiné avec le soufre; la seule action du feu, continuée pendant un certain temps avec le concours de l'air libre, suffit pour opérer cette séparation; on l'accélère beaucoup, & elle se fait même très-bien dans un instant, en faisant détonner l'argent sulphuré avec du nitre. Comme ce métal est indestructible par ces trois agens, on le retrouve, après toutes ces opérations, tel qu'il étoit auparavant.

On sent que ces procédés peuvent servir également à la revivification de l'argent des cories qui se forment dans l'opération de la purification de l'or par l'antimoine, & généralement dans tous les cas où il s'agit de séparer l'argent d'avec le soufre.

Le départ sec seroit le moyen le moins outeux, le plus prompt, & le plus commode qu'on pût employer à la séparation de l'or

Q

d'avec l'argent, si le soufre pouvoit dissoudre l'argent & le séparer d'avec l'or aussi bien & aussi facilement que le fait l'acide nitreux; mais il s'en faut bien que cela soit ainsi; au contraire, on est obligé d'avoir recours à des manœuvres particulières, à une cémentation, comme nous venons de le voir, pour unir le soufre avec l'argent; il faut ensuite faire des fontes réitérées & embarrassantes; car il est rare qu'on réussisse à la première & même à la seconde cémentation, à combiner avec le soufre la totalité de l'argent uni à l'or.

Il paroît par ce qui vient d'être dit de cette opération, qu'on ne doit la faire que quand la quantité d'argent dont l'or est allié, est si grande, que la quantité d'or qu'on en pourroit retirer par le départ ordinaire, ne suffiroit pas pour en payer les frais : elle n'est propre qu'à concentrer une plus grande quantité d'or dans une moindre quantité d'argent; & comme elle est embarrassante & dispendieuse, on ne doit l'entreprendre que sur une grande masse d'argent allié d'or.

Il seroit à souhaiter qu'on pût perfectionner cette opération ; elle deviendroit infiniment avantageuse, si on pouvoit la faire en une ou deux fontes, & obtenir, par ce moyen, une féparation exacte d'une petite quantité d'or confondue dans une grande quantité d'argent.

De l'affinage de l'argent par le plomb, ou de la coupellation.

La coupellation de l'argent confifte à ajouter à ce métal allié une certaine quantité de plomb, & à expofer enfuite ce mélange à l'action du feu dans une coupelle.

Cette opération s'exécute en grand dans le travail des mines d'argent, pour affiner ce métal, en le féparant de toutes les fubftances mé-talliques étrangères avec lefquelles il fe trouve naturellement allié : elle porte alors le nom d'*affinage*.

On la fait auffi journellement en petit, dans l'Orfévrerie & les Monnoies, pour reconnoître le titre de l'argent : elle porte alors le nom d'*effai*.

Ces deux opérations ne different que du petit au grand. Je ne parlerai que de la der-nière ; & on pourra appliquer à l'autre tout ce que j'en dirai, à quelques circonftances près, que j'obferverai dans l'explication de la théorie de l'opération.

Essai ou affinage en petit. Je définirai donc l'essai, une opération que l'on fait en petit, pour déterminer combien une masse métallique quelconque contient d'argent; ou si l'on veut pour fixer le titre de ce métal.

Voici comme il se fait.

Procédé. On coupe un morceau de l'argent qu'on veut essayer, qui peut être du poids de trente-six grains réels, ou égaux au poids de se-melle; on le pèse avec la plus grande exacti-tude; on choisit une coupelle; on la place sous la moufle du fourneau d'essai; on allume le fourneau; on fait rougir la coupelle, & on la tient rouge pendant une bonne demi-heure avant d'y rien mettre: quand elle est rouge à blanc, on y met la quantité de plomb qu'on a déterminée; on donne *chaud*, ce qui se fait en admettant beaucoup d'air par le cendrier, dont on ouvre les portes pour cet effet, jusqu'à ce que le plomb, qui est bientôt fondu, soit rouge, fumant, & agité d'un mouvement qu'on appelle *circulation*, & bien découvert, c'est-à-dire, que sa surface soit unie & assez nette.

On met alors dans la coupelle l'argent réduit en petites lames, afin qu'il fonde plus promptement, en continuant à donner chaud, & même en augmentant la chaleur par le moyen de charbons ardens qu'on place à l'entrée de la moufle : on foutient cette chaleur jufqu'à ce que l'argent foit *entré dans le plomb*, c'eft-à-dire, bien fondu & mêlé avec ce métal. Quand l'effai eft bien circulant, on diminue la chaleur, en ôtant, en tout ou en partie, les charbons qui font à l'entrée de la moufle, & fermant plus ou moins les portes du fourneau.

On doit gouverner le feu de manière que l'effai ait une furface fenfiblement convexe, & paroiffe ardent dans la coupelle, qui eft alors moins rouge ; que la fumée qui s'élève, monte prefque jufqu'à la voûte de la moufle ; qu'il fe forme continuellement une ondulation en tous fens à la furface de l'effai, ce qui s'appelle *circuler* ; que fon milieu foit liffe, & qu'il foit entouré d'un petit cercle de litharge qui s'imbibe continuellement dans la coupelle.

On foutient l'effai en cet état jufqu'à la fin de l'opération, c'eft-à-dire, jufqu'à ce que le plomb & l'alliage étant imbibés dans la coupelle, la furface du bouton de fin, qui fe fige alors, n'étant plus recouverte d'une pellicule de litharge, foit devenue tout d'un coup vive, brillante, & d'un beau luisant; ce qui s'appelle faire l'*éclair*.

Lorsque l'essai a été bien fait, on voit, immédiatement après l'éclair, la surface du bouton toute couverte de couleurs d'iris, qui ondulent & s'entrecroisent avec beaucoup de rapidité; alors le bouton se fige, & l'essai est fait.

Quand l'opération est achevée, on laisse encore la coupelle au même degré de chaleur pendant quelques momens, pour donner le temps aux dernières portions de litharge de s'imbiber en entier, attendu que s'il en restoit un peu sous le bouton de fin, il y seroit adhérent.

Après cela, on cesse le feu; on fait refroidir la coupelle par degrés, jusqu'à ce que le bouton de fin soit figé entièrement, surtout lorsqu'il est un peu gros; parce que, s'il se refroidissoit trop promptement, sa surface extérieure, venant à se figer & à prendre de la retraite avant que la partie intérieure fût dans le même état, comprimeroit fortement cette dernière, qui s'échapperoit avec effort, formeroit des végétations, & même des jets, en crevant la partie extérieure figée. Cet inconvénient s'appelle *écartement* ou *végétation du bouton*. On doit l'éviter avec grand soin dans les effais, parce que quelquefois il s'élance de petites parties d'argent hors de la coupelle.

Enfin, quand on eft affuré que le bouton d'effai eft bien figé jufques dans fon intérieur, on le foulève avec un petit outil de fer, pour le détacher de la coupelle, lorfqu'il eft encore très-chaud, parce qu'alors il s'en détache facilement; au lieu que quand le tout eft refroidi, il arrive fouvent qu'il adhère à la coupelle, de manière qu'il en emporte avec lui de petites parties qu'on eft obligé de nettoyer avec la gratte-boffe.

Il ne s'agit plus, après cela, que de pefer bien exactement ce bouton à la balance d'effai : la quantité dont il aura déchu indiquera au jufte le titre de la maffe ou du lingot d'argent.

Lorfqu'on veut être fûr du titre de l'argent, il faut faire cette opération dans deux coupelles qu'on place fous la même moufle.

Il n'y a rien de déterminé au jufte fur la proportion du plomb avec celle de l'alliage. Les Auteurs qui ont traité de cette matière, varient entre eux. Ceux qui demandent la plus grande quantité de plomb, fe fondent fur ce qu'on eft plus fûr par-là de détruire

Proportions du plomb.

Q iv

tout l'alliage de l'argent ; ceux qui en pref-
crivent la plus petite quantité , affurent
que cela eft néceffaire , par la raifon que
le plomb emporte toujours un peu de fin.
Les effayeurs eux-mêmes ont chacun leur
pratique particulière , à laquelle ils font
attachés.

Hellot , Macquer , & M. Tillet , chargés
par le Gouvernement de chercher à faire ceffer
ces inconvéniens , ont conftaté , par des expériences authentiques qui ont donné lieu
à un réglement , qu'il faut,

Pour de l'argent d'affinage , deux parties
de plomb fur une d'argent ;

Pour de l'argent à onze deniers douze grains,
quatre parties de plomb ;

Pour de l'argent à onze deniers & au-
deffous , fix parties ;

Pour celui à neuf deniers , dix parties;

Pour celui à huit deniers , douze parties ;

Pour celui à fept deniers , quatorze parties ;

Enfin feize parties pour l'argent à fix deniers & au-deffous.

La conduite du feu eft un article effentiel
dans les effais ; il eft important qu'il n'y ait
ni trop ni trop peu de chaleur ; parce que ,
s'il y a trop de chaleur , le plomb fe fcorifie

& paſſe dans la coupelle ſi promptement,
qu'il n'a pas le temps de ſcorifier & d'em-
porter avec lui tout l'alliage de l'argent : s'il
n'y a pas aſſez de chaleur, la litharge s'a-
maſſe à la ſurface ; & ne pénètre point la
coupelle : les eſſayeurs diſent que l'eſſai eſt
étouffé ou *noyé*. Dans ce cas, l'eſſai n'avance
pas, parce que la litharge recouvrant la ſurface du métal, la garantit du contact de l'air,
qui eſt abſolument néceſſaire pour la calcination des métaux.

J'ai donné plus haut les marques d'un eſſai
qui va bien. On reconnoît qu'il a trop chaud,
lorſque la ſurface du métal fondu eſt extrêmement convexe ; qu'il eſt agité par une circulation très-forte ; que la coupelle eſt ſi ardente, qu'on ne peut diſtinguer les couleurs
que la litharge lui donne en la pénétrant ;
enfin lorſque la fumée qui s'élève au-deſſus
de l'eſſai, va juſqu'à la voûte de la moufle,
ou que l'on ne l'aperçoit point du tout ;
ce qui arrive, non parce qu'il n'y en a plus
alors, mais parce qu'elle eſt ſi rouge & ſi
ardente, ainſi que tout l'intérieur de la moufle,
qu'on ne peut la diſtinguer. On doit diminuer dans ce cas le feu, en fermant le cendrier : quelques eſſayeurs mettent même au-

tour des coupelles de petits morceaux oblongs
& froids d'argile cuite, qu'ils appellent des
inflrumens.

Si au contraire le métal fondu a une furface applatie & très-peu fphérique par rapport à fa maffe, que la coupelle paroiffe
fombre, que la fumée de l'effai ne faffe que
ramper à fa furface, que la circulation foit
trop foible, que les fcories, qui paroiffent
comme des gouttes brillantes, n'aient qu'un
mouvement lent, & ne s'imbibent point dans
la coupelle; on peut être affuré que la chaleur eft trop foible : à plus forte raifon quand
le métal fe fige ou fe *congèle*, comme difent
les effayeurs. On doit alors augmenter le
feu, en ouvrant le cendrier, en plaçant de
gros charbons ardens à l'entrée de la moufle,
ou même en mettant de pareils charbons en
travers fur les coupelles : mais il vaut mieux
encore éviter de tomber dans ce dernier inconvénient, en donnant plutôt une chaleur
trop forte que trop foible ; parce que l'excès
de chaleur ne préjudicie point fi fenfiblement
à l'effai.

On commence par *donner chaud* auffi-tôt
que le plomb eft dans les coupelles, parce
qu'il les refroidit, & qu'il eft néceffaire qu'il

se fonde promptement, & même que la chaux qui se forme à sa surface aussi-tôt qu'il est fondu, se fonde elle-même, & se convertisse en litharge, attendu que cette chaux, étant beaucoup moins fusible que le plomb, deviendroit fort difficile à fondre, si elle s'amassoit en une certaine quantité.

Lorsqu'on a mis l'argent dans le plomb découvert, il faut *donner encore plus chaud*, non seulement parce que cet argent refroidit beaucoup, mais encore parce qu'il est moins fusible que le plomb : & comme on doit produire tous ces effets le plus promptement qu'il est possible, on est dans le cas de donner plus de chaleur qu'il n'en faut ; & c'est par cette raison que lorsque l'argent est entré dans le plomb, *on donne froid*, pour remettre les essais au degré de chaleur convenable.

Pendant toute cette opération, la chaleur doit aller toujours en augmentant par degrés jusqu'à la fin, tant parce que le mélange métallique devient d'autant moins fusible, que la quantité de plomb diminue davantage, que parce que plus la portion d'argent devient grande par rapport à celle du plomb,

& plus ce dernier métal, garanti par le premier, devient difficile à fondre. On fait en forte, par cette raison, que les effais aient très-chaud dans le temps de leur éclair.

Argent contenu dans le plomb. Il faut obferver que comme il n'y a prefque point de plomb qui ne contienne naturellement de l'argent, & qu'après la coupellation, cet argent fe trouve confondu avec le bouton de fin, dont il augmente le poids, il eft très-effentiel de connoître, avant que d'employer du plomb dans des effais, la quantité d'argent qu'il contient naturellement, pour la défalquer du poids du bouton d'effai. Pour cela, les effayeurs paffent une certaine quantité de leur plomb tout feul à la coupelle, & pèfent avec exactitude le petit bouton de fin qu'il laiffe; ou bien on peut mettre dans une coupelle du même plomb qu'on emploie dans les effais, & en poids égal à celui qui entre dans un effai; & après l'opération, lorfqu'il s'agit de pefer, on met du côté des poids le petit bouton de fin laiffé par le plomb feul : on l'appelle *témoin*. Cela épargne les calculs. Pour éviter ces petits embarras, les effayeurs fe procurent ordinairement du plomb qui ne contient point d'argent : tel eft, à ce qu'on affure, celui de *Willach*, en *Carinthie*, qui eft recherché par les effayeurs, à caufe de cela.

On remarquera en fecond lieu, qu'il paffe toujours une certaine quantité de fin dans les coupelles, ainfi qu'on l'a obfervé depuis long-temps dans les affinages en grand ; & que la même chofe a lieu dans les effais ou épreuves en petit ; que cette quantité peut varier, fuivant la nature & la forme des coupelles ; objets qui ont été déterminés avec la plus grande précifion dans le travail des trois Commiffaires que j'ai cités, & que M. Tillet a fuivi encore depuis avec une exactitude fcrupuleufe, comme on peut le voir dans les Mémoires de l'Académie, années 1763 & 1769 (1).

Lorfque l'argent contient de l'or, on fait enfuite le départ du bouton de fin qu'on a obtenu.

Départ du bouton de fin.

---

(1) Cette obfervation fait affez fentir qu'on ne doit pas jeter les coupelles qui ont fervi à cette opération. Selon l'expérience faite par M. Sage, cent livres de cendrée ou caffe de coupelles, donnent quarante-fept livres de plomb, qui produit deux onces trois gros foixante & un grains d'argent au quintal.

Pour bien entendre ce qui se passe dans cette opération, il faut observer que le plomb est un des métaux qui perd le plus promptement & le plus facilement assez de son principe inflammable, pour cesser d'être dans l'état métallique; mais en même temps ce métal a la propriété remarquable de retenir, malgré l'action du feu, assez de ce même principe inflammable, pour se fondre avec la plus grande facilité en une matière vitrifiée & très-vitrifiante, qu'on nomme litharge.

Cela posé, le plomb qu'on ajoute à l'argent qu'on veut affiner, produit pour cet objet les avantages suivans : 1°. en augmentant la proportion des métaux imparfaits, il empêche que leurs parties ne soient aussi bien recouvertes & défendues par celles des métaux parfaits; 2°. en s'unissant à ces métaux, il les fait participer à la propriété qu'il a lui-même de perdre la plus grande partie de son phlogistique avec la plus grande facilité; 3°. enfin, en vertu de sa propriété vitrescente & fondante, qui s'exerce avec toute sa force sur les parties calcinées & naturellement réfractaires des autres métaux, il facilite & accélère infiniment la fonte, la scorification, & la séparation de ces métaux.

Tels font en général les avantages que procure le plomb dans la coupellation.

A mefure que le plomb fe fcorifie, & fcorifie auffi avec lui les métaux imparfaits, il fe fépare de la maffe métallique, avec laquelle il ne peut plus refter uni; il vient nager à la furface, parce qu'ayant perdu une partie de fon phlogiftique, il a perdu auffi une partie de fa pefanteur métallique; & enfin il s'y vitrifie.

Ces matières vitrifiées & fondues s'accumuleroient de plus en plus à la furface du métal, à mefure que l'opération avanceroit, garantiroient par conféquent cette furface du contact de l'air, abfolument néceffaire pour la fcorification du refte, & arrêteroient ainfi l'opération, qui ne finiroit jamais, fi l'on n'avoit trouvé le moyen de leur donner un écoulement par la nature même du vaiffeau dans lequel la maffe métallique eft contenue, & qui, étant poreux, abforbe & imbibe la matière fcorifiée, à mefure qu'elle fe forme.

A l'égard du fourneau, il doit être en forme de voûte, afin que la chaleur fe porte fur la furface du métal pendant le temps de l'effai.

Il fe forme perpétuellement à la furface

du métal une efpèce de croûte ou peau obfcure : mais dans le moment où tout ce qu'il y a de métaux imparfaits eft détruit, & où par conféquent la fcorification cefle, la furface des métaux parfaits fe découvre, fe nettoie, & paroît plus brillante : cela forme une efpèce d'éclair, qu'on nomme effeᨴivement *éclair*, *fulguration*, *ou corrufcation* : ç'eft à cette marque qu'on reconnoît que le métal eft affiné. Si l'opération eft conduite de manière que le métal n'éprouve que le jufte degré de chaleur néceffaire pour le tenir en fufion avant qu'il foit fin, on obferve qu'il fe fige fubitement dans le moment de l'éclair, parce qu'il faut moins de chaleur pour tenir fondu l'argent allié de plomb, que lorfqu'il eft pur.

Effai de l'or.

L'effai de l'or par la coupelle fe fait abfolument de même que celui de l'argent, fi ce n'eft qu'on chauffe un peu plus vivement fur la fin, lorfqu'il eft prêt à faire fon éclair.

Si l'or contient de l'argent, cet argent refte avec lui, après l'affinage, dans la même proportion, puifque ces deux métaux réfiftent également à l'action du plomb. On doit alors féparer l'argent de cet or par l'opération l'opération du départ, foit en foumettant le bouton au départ inverfe, foit en l'inquartant & le traitant par le départ ordinaire.

Ainfi, l'effai du titre de l'or & de celui de l'argent, fe fait par deux opérations, dont la première eft la coupellation, qui leur enlève tout ce qu'ils contiennent de métaux imparfaits; & la feconde, le départ, qui les fépare l'un de l'autre.

Lorfque l'or & l'argent font alliés au fer, l'affinage par le plomb feul ne peut les en débarraffer complètement. La raifon en eft, que le fer, comme je l'ai dit, ne peut contracter avec le plomb aucune union. On doit alors lui fubftituer le bifmuth, ou traiter cet alliage par le départ fec.

C'eft la propriété du bifmuth, de s'allier avec le fer, tandis que le plomb ne peut s'unir à ce métal, qui le met en état de féparer ces deux métaux par la coupelle, beaucoup mieux que ne le fait ce dernier. Cet avantage du bifmuth fur le plomb, joint à celui qu'il a de ne point contenir de cuivre, devroient, ce me femble, lui obtenir la préférence fur ce métal. Il eft, à la vérité, d'un prix plus haut; mais qu'eft-ce que cet inconvénient, lorf-

Affinage de l'argent allié au fer.

R

qu'on confidère la petite quantité qu'en exigent les effais ?

Affinage en grand. L'affinage en grand ne diffère de l'effai que je viens de décrire, que par les proportions des matières, & en ce qu'au lieu de laiffer la litharge s'imbiber entièrement dans la coupelle, on lui procure de l'écoulement par une échancrure faite au bord de ce vafe, & on l'en retire même à mefure qu'elle furnage, avec de grands rateaux de fer.

Degré de pureté de l'argent de coupelle. L'argent de coupelle fembleroit devoir être abfolument pur ; on le regarde même généralement comme tel, quand l'opération a été bien faite ; il contient cependant toujours un peu de cuivre, qui lui a été fourni par le plomb. Les effayeurs d'argent s'étoient aperçu depuis long-temps que leur argent de coupelle perdoit toujours une petite portion de fon poids par les fontes répétées ; ils avoient cru d'abord que cette perte étoit due à une petite portion de l'argent qui s'étoit diffipée ; mais Kunckel a démontré que cette perte étoit due à une petite portion de cuivre qui fe calcinoit lorfqu'on tenoit long-temps l'argent au feu ; & il a fait voir de plus que cette portion de cuivre étoit due au plomb qui avoit servi à cette opération. Pour cela, il a traité par la coupelle de l'argent revivifié de la lune cornée, absolument exempt de cuivre; & cet argent, après l'opération, s'est trouvé contenir du cuivre.

La coupellation ne peut donc servir à purifier l'argent : si on veut avoir ce métal absolument & scrupuleusement exempt de tout alliage, il faut nécessairement alors, ou le convertir en lune cornée, & le réduire ensuite, ou le minéraliser par le soufre, comme on le fait dans l'opération du départ sec, & le revivifier par la combustion de ce minéral.

Moyen d'obtenir l'argent absolument pur.

Des moyens de séparer l'étain allié à l'argent.

Nous venons de voir que le plomb ne débarrasse qu'imparfaitement l'argent du fer qui lui est allié, par la raison que le fer & le plomb ne peuvent contracter entre eux aucune sorte d'union ; mais nous avons observé en même temps que le bismuth peut remplacer le plomb avec avantage : & en effet, si l'on coupelle par le bismuth un alliage d'argent & de fer, la scorification de ce dernier aura lieu complètement. Ce n'est donc que par défaut d'affinité avec le plomb, que le fer ne peut être séparé de l'argent par ce métal ; le fer est donc susceptible d'être réduit en chaux, & cette dernière d'être vitrifiée, de même que toutes celles des substances métalliques imparfaites.

Il n'en est pas de même de l'étain : lorsqu'on coupelle de l'or ou de l'argent allié avec ce métal, il se réduit en chaux, qui, au lieu de se vitrifier comme celles de tous les autres métaux imparfaits, reste sous la forme d'une poudre blanche à la surface du bouton, qu'il est impossible d'en priver exactement.

Moyens usités pour séparer l'argent de l'étain. Quelques Chimistes ont proposé, pour séparer absolument l'étain de l'argent par la coupellation, de mettre dans la coupelle du sublimé corrosif : l'acide marin de ce sel abandonne en effet le mercure, pour dissoudre l'étain, avec lequel il a plus d'affinité, & le nouvel étain corné qui en résulte, se volatilise. Mais on ne doit guère compter sur le succès du sublimé corrosif jeté ainsi à la surface d'une masse d'argent ; il faudroit, pour réussir par son moyen, en introduire de nou

veau dans la coupelle, auffi-tôt que celui
qu'on y a mis a fait fon effet; ce qui deviendroit très-coûteux.

On parvient à enlever une partie de l'étain
qui altère la pureté de l'argent, en projetant
à la furface du métal fondu, du nitre ou
du borax, comme nous avons vu qu'on le
pratique à l'égard de l'or : mais il eft impoffible de le détruire entièrement par ce
moyen, attendu que, lorfqu'il eft réduit à
une très-petite quantité, l'argent le recouvre,
& le défend de l'action du feu & de celle
des fels.

Le départ eft auffi infuffifant pour opérer
complètement la féparation de ces deux métaux, parce que l'étain fe diffout avec l'argent dans l'acide nitreux, & qu'il eft précipité avec lui par l'intermède du cuivre
& de toutes les autres fubftances qu'on
peut employer pour procurer le dépôt de
l'argent.

Il ne refte donc d'autre moyen de purifier l'argent de l'alliage de l'étain, que de le
foumettre au départ fec : & en effet, le foufre
diffout à la fois ces deux métaux, mais avec
cette différence que lorfqu'on vient à faire
brûler ce minéral pour raffembler l'argent,

R iij

ce dernier ne fouffre aucune altération par
cette combuftion , qui calcine au contraire
efficacement l'étain , & le met conféquemment hors d'état de pouvoir fe confondre de
nouveau avec l'argent. Cette calcination de
l'étain eft encore plus radicale , lorfqu'on décompofe l'argent fulphuré , en le faifant détonner avec le nitre.

On peut , par cette opération , purifier
exactement l'argent de l'alliage de l'étain ;
mais elle a fes inconvéniens, fur lefquels je
crois m'être fuffifamment étendu à l'article
qui traite fpécialement du départ fec, auquel
on pourra recourir. Il étoit donc bien in-
téreffant de trouver un procédé fûr & commode , au moyen duquel on pût faire cette
féparation auffi facilement & auffi complètement qu'on fait celle de toutes les autres
fubftances métalliques. C'eft ce qu'a heureu-
fement exécuté M. Bayen , par le procédé
que j'ai annoncé dans l'article qui traite des
moyens de féparer l'or de l'étain , & que
je vais extraire mot pour mot des reche-
ches chimiques fur l'étain qu'il a faites &
publiées par ordre du Gouvernement, con-
jointement avec M. Charlart, en 1781.

Procédé de **M. Bayen** « Nous avons mis dans un petit matras,

» dit M. Bayen, foixante-douze grains de » pour féparer l'argent de l'or.
» l'alliage en queftion (on affuroit que
l'étain étoit allié à un quart d'argent fin),
» laminés & coupés en fils très-déliés, fur
» lefquels il a été verfé deux gros & demi
» d'acide marin & un demi gros d'eau dif-
» tillée; le tout a été pofé fur le fable chaud,
» & en moins de vingt heures le diffolvant
» ne nous paroiffant plus avoir d'action fur
» une portion de poudre qui étoit au fond
» du matras, nous procédâmes, avec les pré-
» cautions requifes, à la féparer de la li-
» queur, à la bien édulcorer & fécher. Cette
» poudre parut alors avec la couleur propre
» à l'argent ; fon poids étoit de dix-neuf
» grains.

» D'un autre côté, nous avions également
» chargé un matras d'un gros de cet alliage
» coupé en petits fils, de deux gros & demi
» du même acide & demi-gros d'eau diftillée,
» & le tout avoit été laiffé à la température
» de l'atmofphère : vers le huitième jour,
» n'apercevant plus de bulles en agitant
» le matras, la poudre qui avoit réfifté à
» l'action du diffolvant, fut féparée, édul-
» corée, & féchée: elle avoit également la

R iv

» couleur brillante de l'argent; son poids
» étoit de dix-neuf grains foibles. Ces pou-
» dres furent l'une & l'autre foumifes à la
» coupellation, dont le réfultat fut, que la
» poudre départie de l'étain en employant
» la chaleur, ainfi que celle que nous avions
» obtenue en faifant la diffolution à froid,
» nous donnèrent chacune un bouton pefant
» dix-huit grains, c'eft-à-dire, la jufte quan-
» tité du métal fin qu'on affuroit avoir été
» introduite dans l'étain ».

Action de l'acide marin fur l'argent en maffe.

C'eft en répétant la même opération plufieurs fois, & fur des quantités tantôt plus,
tantôt moins grandes d'alliage, que M. Bayen
s'eft aperçu que l'acide marin, lorfqu'il
eft avec excès, finit par agir fur l'argent, à
la vérité avec lenteur; mais enfin il peut le
diffoudre, même dans fon état d'agrégation;
ce dont ce célèbre Chimifte s'eft convaincu,
en expofant à fon action douze feuilles d'argent qui pefoient enfemble quatre grains:
l'acide, dont la quantité étoit de trois onces,
fut expofé à une chaleur qui le faifoit légèrement bouillir, & en trois ou quatre jours
les feuilles perdirent trois grains & demi de
leur poids.

Ce procédé, fondé fur une heureufe application de la propriété qu'a l'acide marin de
diffoudre l'étain & de ne point attaquer
l'argent en maffe, fournit à l'Orfévrerie un
nouveau départ, au moyen duquel il devient auffi facile de féparer l'argent de l'é-
tain, qu'il l'eft de le féparer de l'or.

SECTION IV.

De l'amalgame de l'argent.

Il en eft de l'argent comme de l'or, relativement à fon amalgame avec le mercure.
La manière de l'opérer, ainfi que fes
propriétés & ufages, font abfolument les
mêmes; pourquoi je renvoye, pour ce qui
les concerne, à la quatrième fection du chapitre précédent, qui traite fpécialement de
l'amalgame de l'or, où on trouvera tous les
détails néceffaires fur cette matière.

SECTION V.

De l'alliage de l'argent avec la platine.

L'alliage de la platine avec l'argent forme un composé métallique beaucoup plus dur & plus sombre que l'argent, d'un grain grossier dans sa cassure, & très-peu ductile.

La rareté de la platine n'a pas permis jusqu'ici aux Chimistes de faire beaucoup d'épreuves pour rechercher les propriétés de cet alliage, & les avantages que la société en pourroit retirer : ce métal, qui donne de la roideur à l'argent, sans altérer beaucoup sa couleur, qui peut-être même ne l'altéreroit point du tout, si on l'y unissoit en plus petite quantité qu'on ne l'a fait jusqu'à présent, seroit bien préférable au cuivre, surtout pour l'argent de vaisselle, en ce que, n'étant susceptible de se charger d'aucune rouille, les plats, vases, & vaisseaux qu'on en fabriqueroit, seroient à l'abri de toute espèce de danger ; ce qu'on ne peut pas dire de ceux qu'on fait avec l'argent allié de cuivre : ils sont, à la vérité, infiniment moins dangereux que ceux de cuivre, même étamés ; mais si l'on y laisse séjourner des alimens,

des fauffes fur-tout dans lefquelles la graiffe
abonde, elle en extrait un vert-de-gris qui
leur communique la qualité vénéneufe qu'on
connoît à cette fubftance. On peut s'affurer
de cet effet des corps gras fur le cuivre,
quoique recouvert par une grande quantité
d'argent, comme il l'eft dans l'argent au titre,
en laiffant féjourner une fourchette de ce
métal dans de l'huile, dans une falade, par
exemple, du foir au matin, on l'en retirera
toute verte, toute-couverte de vert-de-gris.
Cette obfervation, connue de tous les Chimiftes & de beaucoup de perfonnes, prouve
qu'on ne doit jamais rien laiffer féjourner
de liquide, & fur-tout de gras, dans l'argent.

Il feroit donc à défirer que maintenant
qu'on peut reconnoître, par des moyens très-
fimples, l'alliage de la plus petite quantité de
platine avec l'or, & qu'on ne peut par conféquent plus en abufer pour falfifier ce métal; il
feroit, dis-je, à défirer que le Miniftère Efpa-
gnol permît l'introduction de la platine. Sans
doute, au point où eft portée aujourd'hui la
Chimie, on ne tarderoit point à trouver les
moyens d'en tirer un parti avantageux (1).

_____

(1) Voyez la note (1), page 188.

La platine ayant, comme l'or, la propriété de réfifter à l'action de tous les agens auxquels réfifte ce dernier, les moyens de la féparer de toutes les fubftances métalliques, & notamment de l'argent, font les mêmes : ainfi, on peut opérer cette féparation tout fimplement par le départ par l'eau-forte, qui diffoudra complètement l'argent, & laiffera la platine intacte au fond du vaiffeau.

SECTION VI.

Des mines d'argent.

On trouve l'argent fous différentes formes dans l'intérieur de la terre : il y en a une petite quantité fous fa forme naturelle & malléable, qui n'eft allié qu'avec un peu de cuivre & d'or : on le nomme *argent vierge* ou *natif* : il eft, comme l'or, incrufté ou adhérent dans plufieurs fortes de pierres.

Mais la forme la plus ordinaire fous laquelle la nature nous préfente l'argent, eft l'état minéral, c'eft-à-dire, que ce métal eft uni & incorporé avec beaucoup de matières hétérogènes, telles que d'autres fubftances métalliques, & les fubftances minéralifantes, qui font le foufre & l'arfenic. Quelquefois aussi l'argent est minéralisé par l'acide marin.

Il y a, outre cela, plusieurs minéraux auxquels on donne communément le nom de mines d'argent; plusieurs mines de plomb, de cuivre, de cobalt, sont très-riches en argent; mais comme elles contiennent beaucoup plus d'autres métaux que d'argent, ce ne sont que des mines impropres de ce métal; on doit les nommer, ainsi que l'ont proposé plusieurs Chimistes, mines tenant argent : ainsi, on doit dire, par exemple, mine de plomb tenant argent, mine de cuivre tenant argent, & ainsi des autres : le nom de mine d'argent doit être réservé à celles dans lesquelles ce métal est en beaucoup plus grande quantité qu'aucun autre.

Les mines d'argent les plus riches sont celles de l'*Amérique Espagnole*, entre autres celles de la province du *Potozi au Pérou*; l'*Allemagne* en produit beaucoup, sur-tout au *Hartz* & à *Sainte-Marie aux-Mines*. La France en offre aussi d'assez abondantes. Enfin il y a des mines d'argent dans les quatre parties du monde.

L'argent se trouve dans les fleuves, comme nous avons vu qu'on y trouve l'or.

Travail des mines d'argent.

Comme l'argent, même dans ses mines propres, est toujours allié avec quelques autres métaux dont on a intention de le séparer, après que la mine est bien grillée, pour la débarrasser du soufre & de l'arsenic qui minéralisent l'argent, on la mêle avec de huit à douze fois son poids de plomb; on met ce mélange dans de grands têts de terre cuite très-poreux, évasés, des espèces de grandes coupelles, placés dans un fourneau fait en voûte; & on procède exactement comme nous l'avons observé dans l'opération de l'essai, à la seule différence, qu'au lieu de laisser imbiber toute la litharge dans le têt, on la retire, à mesure qu'elle est formée, avec un grand crochet ou rateau de fer, fait exprès pour ce travail, & emmanché au bout d'une longue perche.

Quant aux mines de plomb tenant argent, elles contiennent toutes assez de ce premier métal, pour qu'on puisse les soumettre à l'affinage sans addition, aussi-tôt qu'on les a grillées pour détruire le soufre qui les minéralise.

Ce font ces opérations, & principalement la dernière, qui fourniffent la litharge qui eft dans le commerce.

On fent, d'après ce qui a été dit fur la lune cornée, que les mines d'argent cornées doivent être traitées par la fufion avec l'alkali fixe; avant d'en affiner l'argent par le plomb.

A l'égard de l'argent natif, on traite cette efpèce de mine comme celles d'or, par l'amalgame avec le mercure, après les avoir bocardées & lavées de même, pour enlever la majeure partie des terres & pierres auxquelles l'argent adhère.

Je ne parlerai pas de la manière de retirer, par l'opération ingénieufe du reffuage, l'argent que contiennent en affez grande quantité plufieurs mines de cuivre, ni de plufieurs autres procédés également intéreffans qu'on met en pratique dans le travail des mines d'argent : toutes ces chofes font étrangères à mon fujet. Il me fuffit d'avoir donné une idée général des formes fous lefquelles la nature nous préfente l'or & l'argent, & des manipulations qu'on emploie pour retirer de leurs mines ces métaux & les obtenir purs.

SECTION VII.

De la dorure.

La dorure est l'art d'appliquer une couche d'or extrêmement mince à la surface de plusieurs corps, pour leur donner toutes les apparences extérieures de ce métal.

L'éclat & la beauté de l'or ont fait chercher les moyens de l'appliquer sur une infinité de corps ; mais les manières de dorer sont toutes différentes les unes des autres. De là vient que l'art de la dorure est très-étendu, & rempli d'une grande quantité de manœuvres & de procédés particuliers.

Je ne traiterai dans cette section que des deux procédés qui sont usités dans l'Orfévrerie pour dorer l'argent.

Dorure à l'or en poudre. Le premier consiste à appliquer l'or en chiffons ou en poudre sur l'argent. Pour cela,

Procédé: on nettoye parfaitement la surface du métal, on la frotte d'or en poudre par le moyen d'un chiffon, d'un morceau de liège, ou même avec les doigts, à l'aide d'un peu d'eau ; il y adhère très-bien : on lave la pièce d'argent, pour enlever la partie terreuse de la cendre, & on la brunit avec la sanguine.

Cette

Cette manière de dorer l'argent démontre *Remarques.*
que l'or a une grande affinité avec ce métal,
une grande tendance à s'allier avec lui, puifque le feul frottement fuffit pour le faire
adhérer à fa furface. Cette dorure eft très-
facile, & n'emploie qu'une quantité d'or infiniment petite; mais elle n'eft & ne fauroit
être bien folide; elle cède en peu de temps
au frottement : auffi elle ne fert que pour
dorer l'intérieur des tabatières & les bijoux
qui font de peu de valeur, ou qu'il n'eft pas
poffible d'expofer à l'action du feu. Cette
dorure porte le nom de *dorure à l'or en poudre.*

La feconde manière d'appliquer l'or à la *Dorure en*
furface de l'argent n'eft pas fi fimple, mais *or moulu.*
eft infiniment plus folide que la première ;
elle eft connue, dans l'Orfévrerie, fous le nom
de *dorure en or moulu.*

Pour dorer en or moulu, on enduit la
furface de l'argent d'amalgame d'or; on le
chauffe enfuite affez pour faire évaporer tout
le mercure : il ne s'agit plus après que de
polir l'or, en le bruniffant avec la pierre fan-
guine.

Il n'y a point, dans cette dorure, fimple
application des particules d'or à la furface de
l'argent, fimple adhérence par le contact,

S

comme dans la précédente; il y a de plus une forte de pénétration des molécules de l'or dans les pores de l'argent; aussi est-elle très-solide.

Pour faire entendre comment l'or qu'on applique ainsi à la surface de l'argent, pénètre ses pores, il convient de rappeler ce qui a été dit de l'action du mercure sur ces deux métaux.

Remarques. Le mercure s'unit à l'or & à l'argent sans le secours de la chaleur; il suffit qu'il soit légèrement frotté sur un morceau de l'un de ces métaux, ou qu'il séjourne dans un vase qui en soit formé, pour qu'il s'unisse avec eux, qu'il les dissolve de façon à les rendre friables, ou à les réduire en pâte, selon qu'il leur est allié en quantité plus ou moins grande: si on en frotte une pièce d'or ou d'argent un peu mince, elle n'a plus de consistance dans l'endroit frotté, & se brise avec la plus grande facilité. Enfin, quoique l'amalgame se fasse très-bien à froid, la chaleur néanmoins l'accélère beaucoup.

Or tous ces effets du mercure sur l'or & l'argent ne peuvent avoir lieu, qu'autant qu'il les pénètre, qu'il s'insinue dans leurs pores; ce qui donne l'explication de ce qui se passe

dans la dorure en or moulu, & prouve dé-
monftrativement ce que j'ai avancé, qu'elle
ne fe fait point par une fimple application
des particules de l'or à la furface de l'argent,
par fimple adhérence de contact; mais qu'il
y a une vraie pénétration des molécules de
l'or dans les pores de l'argent.

Confidérons maintenant ce qui fe paffe
dans le procédé de la dorure en or moulu,
& voyons fi tout ce qui vient d'être détaillé
peut y être appliqué, nous en donner une
théorie exacte, & en expliquer tous les phénomènes.

Lorfqu'on veut dorer une pièce d'argent, **Procédé.**
on commence par la chauffer jufqu'à ce qu'en
y jetant une goutte d'eau, elle entre auffi-tôt
en ébullition; on prend alors un morceau
d'amalgame d'or, qu'on y étend avec un
chiffon ou un morceau de filaffe; on remet
la pièce fur le feu, & on la tourne en tous
fens, pour l'échauffer par-tout également;
on y applique ainfi fucceffivement plufieurs
couches d'amalgame, jufqu'à ce qu'on y ait
fait entrer tout l'or qu'on défire : lorfqu'on
aperçoit quelques inégalités, quelques endroits
où l'amalgame eft en plus grande quantité
que dans les autres, on l'étend, en fe fervant

d'un petit bruniſſoir d'acier; quand on a ainſi recouvert la ſurface de l'argent de tout l'amalgame qu'on veut y appliquer, on chauffe la pièce aſſez fortement pour faire évaporer le mercure; & après l'évaporation totale de ce métal, on retire la pièce du feu, on la lave, & on la brunit à la ſanguine.

D'après ce qui a été dit, il eſt clair que, dans cette opération, le mercure s'amalgame avec l'argent, ouvre ſes pores, & y introduit avec lui l'or qu'il tient en diſſolution; ceci a lieu d'autant mieux, que l'amalgame d'or contient un excès de mercure qui, étant libre, porte ſon action ſur l'argent.

Cette dorure eſt très-ſolide, & réſiſte très-long-temps au frottement, comme on peut le voir par les calices & patênes, qui, malgré qu'ils éprouvent journellement des frottemens réitérés, la conſervent néanmoins très-long-temps: on eſt même obligé, lorſqu'on veut l'enlever, de gratter ou de limer aſſez profondément la ſurface des pièces dorées.

Le point eſſentiel pour réuſſir dans la dorure, c'eſt que d'une part la ſurface de l'argent ſoit très-nette, & de l'autre, que l'amalgame ait été bien lavé, & cela parce que, comme nous l'avons vu, les métaux ne peuvent contracter d'union qu'entre eux : or la plus petite parcelle d'une substance non métallique suffit pour empêcher le contact, conséquemment l'union de l'or avec l'argent.

SECTION VIII.

es moyens d'enlever l'or de dessus les ouvrages dorés.

Les moyens d'enlever l'or de la surface de l'argent, se réduisent à trois principaux.

Le premier consiste à gratter ou limer assez profondément, comme on vient de le dire, la surface des pièces dorées ; mais ce moyen est fort long, & souvent impraticable, à cause es formes, & sur-tout des ciselures, qui ne permettent souvent pas à l'outil d'agir sur la partie dorée.

Le second est le départ : mais cette méthode a l'inconvénient, vu la petite proporion de l'or, relativement à celle de l'argent, d'être fort dispendieuse, à raison de la grande quantité d'eau-forte dont elle nécessite l'emloi. Ces considérations m'ont fait chercher un moyen moins coûteux & plus facile de édorer l'argent, & j'ai découvert le suivant, qui réuſſit parfaitement, & remplit toutes les indications.

Procédé pour enlever l'or de la ſurface de l'argent.

Procédé. On coupe en lames le vaſe ou autre pièce d'argent qu'on veut dédorer ; on met ces lames dans une terrine de grès ; on les recouvre d'une eau régale compoſée de deux parties d'acide nitreux & d'une partie d'acide marin : lorſque tout l'or eſt diſſous, & que la ſurface des lames d'argent eſt abſolument blanche, on décante la liqueur ; on lave les lames, mêlant l'eau des lavages avec la diſſolution, & on raſſemble l'or de cette dernière par les moyens que j'ai indiqués.

Remarques. Par cette opération, qui n'eſt au fond qu'une application des propriétés de l'eau régale, mais qui n'avoit cependant pas encore été miſe en pratique, que je ſache, je ſuis parvenu à enlever une once d'or très-pur de la ſurface d'un oſtenſoir.

Ce procédé peut ſervir dans tous les cas où il s'agit de dédorer des vaſes ou des bijoux d'argent ſur leſquels l'or eſt en trop petite quantité pour mériter le départ. Il faut

que les acides qui compofent l'eau régale
foient médiocrement forts; & l'opération fe
fait parfaitement fans le fecours de la chaleur.

Lorfque j'ai mis ce procédé en ufage, je
n'avois nulle connoiffance de celui que donne
M. Lewis, page 324 du premier volume
de fes expériences phyfiques & chimiques:
ce dernier diffère du mien, en ce qu'il re-
commande de mettre l'argent doré dans l'eau
régale ordinaire, fi chaude, qu'elle foit prête
à bouillir, & de retourner fréquemment le
métal jufqu'à ce qu'il foit devenu noir par-
tout. Je puis affurer qu'en employant l'eau
régale que j'ai prefcrite, l'opération réuffit
parfaitement à froid.

Il y a encore quelques procédés pour dédorer l'argent, mais dont on a abandonné
l'ufage, à caufe des avantages que préfentent
les trois que je viens de décrire, pourquoi
je ne devrois peut-être point en parler; cependant je crois ne pouvoir me difpenfer de
rapporter les deux fuivans.

On étend fur l'argent doré un peu de fel
ammoniac en poudre, humecté avec de
l'eau-forte, dans la confiftance d'une pâte,
& on chauffe la pièce jufqu'à ce que la
matière fume & devienne à peu près fèche:

enſuite, la jetant dans l'eau, on la lave & la frotte avec la gratte-boſſe, au moyen de quoi l'or ſe détache aiſément.

Ou bien on prend une partie de ſel ammoniac; on y ajoute un quart ou une demi-partie de nitre de trois cuites; on réduit le tout en poudre; enſuite on frotte d'huile d'olives ou de lin la ſurface du vaſe d'argent dont on veut enlever l'or; on la ſaupoudre avec la poudre ci-deſſus; on expoſe le vaſe ſur le feu juſqu'à ce qu'il ſoit bien chaud; enfin, après l'avoir ôté du feu, on le tient d'une main au-deſſus d'une terrine, on le frappe de l'autre main avec une baguette: la poudre tombe avec l'or, qu'on retire après cela par la voie ordinaire.

Le premier de ces procédés eſt de M. Lewis; je ne l'ai point répété, & le donne ſur ſa foi. Le ſecond m'a été communiqué; je l'ai fait répéter, il n'a pas réuſſi pleinement: cependant, comme la majeure partie de l'or a été enlevée, je penſe qu'on a négligé quelque choſe en le tentant; c'eſt pourquoi j'engage les Orfévres à l'eſſayer; & je les vois d'autant plus intérreſſés à déſirer qu'il réuſſiſſe, qu'il a ſur le mien l'avantage de les mettre à portée de dédorer les pièces

d'Orfévrerie, fans être obligés de les dé-
former.

Vernis de couleur d'or.

Je me tairai fur les moyens qu'on emploie
pour donner, par des vernis, la couleur de
l'or à l'argent, au cuivre, à l'étain, &c.
Tous ces objets n'entrent pas dans le plan
de mon ouvrage.

Section IX.

Des moyens en ufage pour mettre l'or en couleur.

Comme on ne peut emplóyer à la dorure
que l'or vierge, qui eft plus pâle que ce
métal allié de cuivre, on a cherché à en
rehauffer la couleur, & on y eft parvenu en
le chauffant avec des cires ou cémens, & le
lavant dans des liqueurs chaudes, que les
Orfévres appellent *fauffes*, & que chacun d'eux
compofe à fa manière. Ces cires & *fauffes*
font des mélanges de terres bolaires, pour
l'ordinaire de fel marin, d'alun, & de plufieurs autres fels, enfin de vert-de-gris. C'eft
à la revivification du cuivre de ce dernier
ingrédient que ces fauffes doivent leur pro-

priété de rehauffer l'éclat de l'or, par la belle couleur rouge qu'elles lui donnent. Cette opération eft donc une manière d'appliquer une très-légère couche de cuivre à la furface de l'or, de cuivrer l'or, s'il eft permis de fe fervir de cette expreffion.

Parmi le grand nombre de cires ou cémens, & de fauffes, employés pour rehauffer la couleur de l'or, ou, en termes d'Orfévrerie, pour mettre ce métal en couleur, les fuivantes méritent d'être diftinguées.

Prenez

cire jaune, ... une livre ,
alun calciné , ... deux onces ,
vert-de-gris , ... deux onces ,
crayon rouge , ... douze onces,
cendres de cuivre , . . deux onces.

Faites fondre la cire , incorporez-y les autres ingrédiens réduits en poudre , & faites du tout une maffe , de laquelle vous formerez des bâtons. Après avoir bien nettoyé la pièce , on la frotte avec un des ces bâtons , on la met enfuite fur les charbons ardens jufqu'à ce que tout le cément foit bien confumé, on la gratte-boffe , on la brunit , & on la lave dans la fauffe qui fuit.

Prenez cendres gravelées, deux onces,
    soufre, ... deux onces,
    sel marin, ... quatre onces.
Jetez toutes ces drogues dans environ une
pinte d'eau, qui vous servira au besoin, en
la faisant chauffer à chaque fois.

S E C T I O N   X.

Des divers procédés en usage pour nettoyer l'ar-
gent, & particulièrement du blanchiment.

Lorsque la surface de l'argent n'est ternie
que par la poussière & les différens corps que
charie perpétuellement l'air atmosphérique,
un peu de blanc d'Espagne délayé suffit pour
rétablir son premier éclat.

Si elle est salie par quelque corps gras,
un peu d'eau de savon la nettoie plus efficacement & plus promptement que le blanc
d'Espagne, quoiqu'avec le temps on par-
vienne cependant à la décaper parfaitement
avec cette matière.

Mais quand elle est noircie par le phlogistique, soit qu'il ait été mis en contact avec
elle, soit qu'elle ait été exposée à ses exhalaisons ; alors il est difficile de la nettoyer
par ces moyens, sur-tout si, étant chargée de

gravures ou de cifelures, elle préfente un grand nombre de cavités.

Enfin la difficulté eft encore plus grande, lorfque l'argent a été expofé au feu, & qu'il en fort noirci, foit par le contact des charbons, foit plus probablement encore par le phlogiftique du cuivre auquel il eft allié, & qui fe décompofe par l'action du feu. Dans ces deux cas, & fur-tout dans celui-ci, il n'y a d'autre moyen de rétablir la pureté de fa couleur, que celui de le jeter dans le *blanchiment*.

Ce que les Orfévres appellent blanchiment, eft une eau feconde très-foible, un mélange d'eau-forte avec une quantité d'eau affez grande pour qu'étant appliqué fur la langue, il n'y occafionne qu'une fenfation d'acidité très-légère, à peu près femblable à celle du jus de citron, ou d'un vinaigre médiocrement fort.

Après avoir recuit la pièce qu'on veut nettoyer, afin de détruire par la combuftion le phlogiftique qui la noircit, on la laiffe refroidir; on la jette enfuite dans le blanchiment, & au bout de quelques heures, on l'en retire.

Elle eft alors très-blanche, mais matte;

on lui rend le brillant, foit en l'écurant avec du fablon, foit en la bruniſſant ou la poliſſant de nouveau.

L'uſage s'eſt aſſez généralement introduit, depuis quelques années, de ſubſtituer l'acide vitriolique à l'eau-forte, pour la préparation du blanchiment. Cet acide, n'attaquant pas l'argent en maſſe, paroît mériter la préférence ſur l'eau-forte, qui, ſi affoiblie qu'elle puiſſe être, ne laiſſe cependant pas d'agir un peu ſur ce métal.

CHAPITRE VII.

De la lavure.

La lavure eſt une opération par laquelle les Orfévres raſſemblent l'or & l'argent qui ſont confondus dans les balayures de leurs ateliers, les cendres de leurs forges, les fragmens de leurs creuſets, &c. On y procède de la manière ſuivante.

On place ſous une cheminée toutes les cendres de la forge qu'on a ramaſſées depuis la dernière lavure, & qu'on a conſervées dans de vieux barils; on met par-deſſus toutes les balayures de l'atelier les vieux

Procédé.

linges, chiffons, bufles, morceaux de cha-
peau ou de bois dont on s'eft fervi, foit
pour polir ou aviver les ouvrages d'or &
d'argent qui ont été fabriqués, foit pour étendre l'or dans les dorures, & généralement
toutes les matières combuftibles qui ont fervi
aux divers travaux de l'année : après avoir
amoncelé le tout, on y met le feu avec
de la paille, & on le laiffe brûler fans y
toucher, jufqu'à ce qu'il n'en forte plus ni
flamme ni fumée ; alors on ouvre & on re-
tourne légèrement, & de temps en temps,
le tas embrafé, afin de renouveler les furfaces, de préfenter fucceffivement à l'air
les fragmens de charbon qu'il contient, &
d'en faciliter l'entière incinération : enfin on
laiffe éteindre & parfaitement refroidir le
tout.

On met enfuite une partie de cette cendre
dans une paffoire de cuivre, dont les trous
foient affez petits pour retenir la grenaille
d'argent qui fe trouve mêlée parmi la cendre ;
on l'agite dans l'eau d'un baquet placé à
cet effet dans un lieu très-éclairé : la
cendre paffe, & gagne le fond du baquet ;
on retire avec des bruxelles la plus groffe
grenaille ; on promène enfuite un aimant

à la surface de ce qui reste dans la passoire, afin d'enlever, autant qu'il est possible, les morceaux de fil de fer qui sont mêlés avec la petite grenaille ; enfin on renverse cette dernière sur une table, & on la sépare à la main des pierres & autres corps étrangers avec lesquels elle est mêlée, & qu'on réserve pour les passer au moulin, afin d'en retirer tout ce qui a échappé au triage. On continue les mêmes manœuvres sur le reste de la cendre, jusqu'à qu'elle ait toute subi cette opération.

Pendant ce temps, un ouvrier est occupé à piler tous les creusets, afin d'en détacher, par cette manœuvre, les grenailles qui y adhèrent ; on passe ensuite cette poudre de la même manière qu'on a passé la cendre ; on sépare de même la grosse grenaille & le fer ; on renverse le résidu dans un vieux tonneau, pour le repiler de nouveau, après qu'on aura amené le tout au même point ; & on continue ces manipulations jusqu'à ce qu'on ait fait passer la totalité par la passoire.

On laisse, après cela, bien rasseoir toute la poudre au fond du baquet, & on décante l'eau qui la recouvre, tenant le baquet incliné, afin que le marc s'égoutte.

Les chofes étant en cet état, on coule dans le chaudron du moulin une quantité de mercure relative à celle d'argent qu'on fuppofe être contenue dans la poudre ; on emplit d'eau la cuve de ce moulin ; on y jette une portion du marc du baquet, & on tourne la manivelle de façon à donner à la maffe un mouvement de rotation lent, égal, & toujours dans le même fens. On continue ainfi pendant deux heures, après quoi on communique à la maffe un mouvement très-rapide, & en tous fens, pendant quelques minutes; on lâche alors la bonde pratiquée à ce deffein dans le milieu de la hauteur de la cuve, & on reçoit l'eau trouble qui en fort, dans un nouveau baquet qu'on avoit difpofé pour la recevoir.

On ceffe alors pour un inftant de tourner la manivelle, jufqu'à ce qu'on ait chargé le moulin d'une nouvelle quantité du marc ou gravier du baquet, & on continue ainfi jufqu'à ce qu'on ait fait tout entrer fucceffivement dans le moulin.

On recommence les mêmes manœuvres fur le gravier qui s'eft dépofé dans le baquet qui l'a reçu au fortir du moulin; mais avec

la

la différence qu'on vide ce dernier d'heure
en heure.

Cette opération finie, on incline doucement & par degrés la cuve du moulin, pour
épuiser, autant qu'il eſt poſſible, l'eau par décantation ; on la renverſe enfin au - deſſus
d'une terrine, dans laquelle on reçoit l'amalgame qui s'eſt formé pendant l'opération ;
on y jette de l'eau à pluſieurs repriſes, pour
faire deſcendre tout l'amalgame ; & on lave
ce dernier à grande eau, pour le débarraſſer
des graviers qui le ſurnagent. C'eſt ce qu'on
appelle, en termes de lavure, *lever le moulin.*

Lorſque l'amalgame a été bien lavé, on
le verſe dans une peau de chamois qu'on
a miſe ſur une terrine ; on ferme la peau,
& on y fait une forte ligature au-deſſus de
la matière ; on preſſe alors fortement avec
les mains, pour faire paſſer à travers cette
peau le mercure excédant ; on diviſe enſuite
en pelotes ou en cubes la pâte qui reſte
dans le chamois, & on l'expoſe à l'air pour
la faire ſécher.

On met enfin cet amalgame dans une
cornue de grès, qu'on place dans un fourneau de réverbère ; on adapte une alonge
au col de la cornue, & un ballon à demi

T

rempli d'eau à celui de l'alonge; on lute les jointures des vaiffeaux avec des bandes de papier qu'on y applique avec de la colle d'amidon; on chauffe par degrés jufqu'à ce que le mercure commence à paffer dans le récipient; on augmente le feu peu à peu jufqu'à faire rougir la cornue: lorfqu'après l'avoir foutenu en cet état pendant un bon quart d'héure, il ne paffe plus de mercure, on ceffe le feu, & on laiffe refroidir l'appareil.

Quand tout eft froid, on délute les vaiffeaux; on renverfe le ballon dans une terrine ou dans un très-grand verre; on lave à grande eau le mercure qui en eft forti; & après l'avoir bien féché, on le réferve pour fervir à une pareille opération.

On ôte enfuite la cornue hors du fourneau, & après l'avoir caffée, on y trouve une maffe poreufe, friable, blanchâtre, qui eft un mélange d'argent allié de plufieurs métaux, & d'une certaine quantité de mercure qu'elle a retenu malgré la violence du feu, à raifon de l'adhérence que ce métal avoit contractée dans l'amalgame avec l'argent, & parce que ce dernier métal l'a recouvert & mis à l'abri de l'action du feu : on pile cette maffe, on la ftratifie, ainfi que les gre-

nailles qu'on a triées, dans un creuset, avec
du nitre, de la potasse, ou de la cendre
gravelée; on procède à l'affinage avec les
précautions que j'ai recommandées en décri-
vant celui de l'argent par le nitre; & lorfque l'opération a été bien conduite, on
trouve fous les fcories un culot d'or &
d'argent très-pur, qu'il ne s'agit plus de féparer l'un de l'autre par l'eau-forte.

Cette grande opération, au moyen de la- Remarques.
quelle les Orfévres retrouvent la majeure
partie de l'argent qui fe perd dans leur travail, eft une imitation, comme on le voit,
de celle par laquelle on retire ce métal de
fes mines : c'eft précifément le même travail
en petit.

Comme tous les procèdés qu'on y emploie, ont chacun reçu leur explication dans
le cours de ce Traité, il ne me refte à faire
que quelques obfervations.

Le fuccès de la lavure, & le moyen d'en
obtenir le plus grand produit poffible, confiftent principalement,

1°. A incinérer abfolument les petits charbons qui fe trouvent parmi la cendre, attendu
que, par les accidens qui arrivent affez fréquemment aux creufets, il n'eft pas rare de

trouver de l'argent qui y adhère, & qui, ne pouvant s'en détacher par le lavage, feroit conféquemment perdu.

2°. A tourner le moulin également, & fur-tout doucement, & toujours dans le même fens : au moyen de cette attention, l'argent fe dépofe bien plus facilement à la furface du bain de mercure : on fentira cela facile-ment, fi on fe repréfente l'extrême tenuité d'une grande partie de fes molécules, qui les rend prefque équipondérables avec les matières terreufes qui nagent avec elles dans l'eau du moulin. S'il n'en étoit pas ainfi, on ne feroit pas obligé de repaffer le gra-vier, après l'avoir tourné dans le moulin pendant deux heures. Plus donc le mouve-ment qu'on imprimera au liquide, fera lent, & plus auffi la précipitation de l'argent fera prompte & complète.

3°. Par une fuite néceffaire de ce principe, je penfe qu'on ne feroit pas mal, lorfqu'on repaffe le gravier, de le tourner auffi long-temps qu'on l'a fait dans la première opé-ration. Il eft certain que les *regrez* de lavure des Orfévres contiennent encore de l'argent ; il y a des hommes qui les leur achètent, & qui les repaffent au moulin avec profit.

4°. Le mercure qui paſſe à travers le chamois, contient une certaine quantité d'argent;
il en eſt ſaturé : on pourroit donc s'éviter
de preſſer l'amalgame, & l'introduire dans
la cornue, tel qu'il ſort du moulin. On doit
au moins le réſerver uniquement pour la
lavure, & ſur-tout ne l'employer jamais à la
dorure; car l'argent qu'il allieroit à l'or, altéreroit la pureté & la couleur de ce métal.
Celui même qu'on retire par la diſtillation
de l'amalgame n'eſt pas abſolument exempt
du mélange de l'argent; il en entraîne un
peu avec lui : je me ſuis aſſuré de ce fait en
en faiſant évaporer ſur une plaque de fer
bien polie; il y a laiſſé une petite tache
argentée.

5°. Le mercure qui a ſervi à la lavure,
eſt plus propre à ce travail qu'aucun autre.
Les Orfévres qui travaillent avec ſoin, le
ſavent bien; ils ont remarqué qu'ils retiroient
conſtamment plus d'argent de leur moulin,
lorſqu'ils y avoient mis du mercure qui avoit
déjà ſervi à la lavure, que lorſqu'ils en avoient
employé de nouveau.

Ceci tient à un grand principe de Chimie,
le principe des levains, principe conteſté

par quelques Chimiftes, mais qui n'en eft pas moins certain, & qui fe retrouve en mille circonftances.

Des procédés en ufage pour retirer l'argent du poncé.

On frotte avec la ponce & l'eau les ouvrages que leur forme empêche de pouvoir limer, pour bien effacer les inégalités qu'occafionnent à leur furface les coups de marteau; on efface enfuite les traces de la ponce, en les frottant de même avec un charbon : ces manipulations s'exécutent fur un baquet, qu'on appelle *bac à poncer*, au fond duquel fe raffemblent pêle-mêle la ponce, le charbon, & l'argent qu'ils ont emporté, tous trois, comme on le fent, dans le plus grand état de divifion. C'eft à ce mélange qu'on donne le nom de *poncé*.

Lorfqu'on veut retirer l'argent du poncé, après avoir décanté l'eau qui le recouvre, on l'ôte du baquet, & on en forme de groffes pelotes qu'on laiffe fécher à l'air ; on les amoncèle enfuite dans une poîle de fer, & on les brûle au milieu des charbons, afin d'incinérer la poudre charbonneuse qu'ils contiennent.

Après cette opération, on les réduit en poudre, & on travaille à en retirer l'argent par un des deux procédés suivans.

Le premier consiste à les traiter au moulin **1er. procédé.** par l'amalgame, de même que les graviers de la lavure, avec cette différence qu'on mêle à l'eau une assez grande quantité de bon vinaigre, & qu'au lieu de vider le moulin de deux en deux heures, on ne le renouvelle que toutes les quatre, & même toutes les six heures.

Ce procédé est assez bon ; cependant, à **Remarques.** raison de la grande division de l'argent, il s'en faut de beaucoup qu'on en obtienne tout ce qu'en contient le poncé. Cette considération, jointe à sa longueur, ont fait donner, par la plupart des Orfévres, la préférence au suivant.

On mêle le poncé pulvérisé avec les deux **2e. procédé.** tiers de son poids de cendres gravelées ; on met ce mélange dans un creuset que l'on place dans le fourneau de fusion ; on pousse à la fonte, & on tient les matières fondues pendant une bonne heure, afin de donner à l'argent le temps de se séparer des scories vitreuses que forme la ponce, & de se rassembler au fond du creuset; on retire alors ce dernier du fourneau; après l'avoir laissé refroidir, on le casse, & on sépare d'un coup de marteau le culot d'argent, des scories vitreuses qui le recouvrent.

Remarques. Par ce procédé, lorsqu'il est exécuté avec soin, on est assuré d'avoir tout l'argent que contenoit le poncé.

Si on sait que cet argent contienne de l'or, on l'affine, & on sépare ces deux métaux par le moyen de l'eau-forte. S'il n'en contient point, alors on se contente de l'affiner.

Récapitulation générale de tout ce qui a été dit dans ce Traité élémentaire de Chimie docimastique.

Les opérations dont j'ai rendu compte dans le cours de cet Ouvrage, les explications théoriques que j'ai données des divers phénomènes qu'elles présentent, les détails où je suis entré sur les propriétés naturelles de tous les corps qui ont été le sujet ou

l'objet des expériences docimaſtiques que
j'ai décrites, les précautions que j'ai indi-
quées pour en obtenir des réfultats certains
& invariables, enfin la maſſe d'obſerva-
tions que j'ai raſſemblées, forment, je crois,
le Traité le plus complet qui exiſte en ce
genre. Mon but, en le compoſant, a été,
comme je l'ai annoncé, de préſenter aux
Orfévres, & à tous ceux qui travaillent l'or
& l'argent, un précis de connoiſſances chimiques qui pût les éclairer dans les opérations qu'ils font journellement ſur ces métaux
précieux, & leur faire éviter les fautes qu'une
pratique aveugle leur fait commettre, à leur
grand préjudice. Je n'ai rien négligé pour
mettre de la clarté dans l'expoſition des procédés & dans leur explication ; j'ai parlé,
autant que je l'ai pu, le langage commun,
écartant les termes de l'Art toutes les fois
qu'il a été en mon pouvoir de le faire. Il
ne me reſte plus qu'à rapprocher en une
eſpèce de tableau les principaux objets qui
ont fait la matière de ce Traité élémentaire :
ce réſumé, en même temps qu'il rendra leurs
propriétés plus ſenſibles, par la facilité de
les comparer d'un coup-d'œil, me fournira

auffi l'occafion de répéter les obfervations les plus importantes, & de placer même celles qui ont pu m'échapper, ou qui n'auroient pu trouver place dans le corps du Traité, fans en déranger l'ordre.

L'or eft, comme nous l'avons vu, le plus parfait des métaux; on ne connoît jufqu'à préfent aucun moyen de lui enlever les propriétés métalliques : s'il femble quelquefois les avoir perdues; s'il prend, dans quelques circonftances, la forme de chaux; s'il préfente toutes les apparences des métaux privés, par la calcination, de leur phlogiftique; la feule action du feu, fans aucune addition, fuffit pour lui rendre fa première forme avec toutes fes propriétés; il réfifte aux agens qui détruifent tous les corps de la nature, à l'action combinée de l'air & l'eau, à celle du feu le plus violent & le plus long-temps continué, à celle du plomb, qui vitrifie tous les métaux, toutes les terres & pierres: aucun acide pur ne l'attaque; le foufre même & l'arfenic, ces deux grands minéralifateurs, ne fe combinent point avec lui; ce métal eft enfin le plus pefant, comme le plus indeftructible des corps fublunaires.

L'eau régale, ou le mélange des acides
marin & nitreux, diffout l'or ; ce métal
eft féparé ou précipité de fon diffolvant
par toutes les fubftances falines alkalines ;
mais lorfqu'on le précipite par l'alkali volatil, il acquiert une propriété fulminante
plus terrible que celle d'aucun autre compofé
connu. Tous les métaux folubles dans l'eau
régale enlèvent auffi l'or à ce menftrue : le
cuivre eft le métal qu'on préfère pour opérer
cette féparation. Quelques artiftes fe fervent
de la même propriété dont jouit le fer, pour
dorer ce dernier métal ; ils ne font, pour cela,
que plonger dans la diffolution d'or étendue
de beaucoup d'eau, la pièce de fer qu'ils
veulent dorer, la retirent fur le champ, la
jettent dans un vafe rempli d'eau claire, pour
la laver, & la bruniffent.

Moyen de dorer le fer.

Enfin l'extrême duĉtilité de l'or effraye
l'imagination. Qui peut voir de fang froid
une once d'or recouvrir un fil d'argent de
plus de quatre cents lieues?

L'argent eft auffi fixe, auffi indeftruĉtible
que l'or par l'aĉtion combinée de l'air & de
l'eau, par celle du feu : s'il cède à un plus
grand nombre de diffolvans, il fort intaĉt,

comme lui, de toutes les opérations qu'on lui a fait fubir : fi fa pefanteur, fi fa ductilité, fa ténacité font un peu moindres, il l'emporte, d'un autre côté, par fa dureté, qui eſt fenfiblement plus grande.

L'acide nitreux, ou eau-forte, eſt le diffolvant ordinaire de l'argent; l'acide marin paroît être fon vrai diffolvant, puifqu'il l'enlève à tous les autres. Les moyens de l'en précipiter, font les mêmes que ceux qui opèrent cet effet fur l'or.

Toutes les fubſtances métalliques enfin s'uniffent, par la fufion, avec l'or & avec l'argent, & on les fépare à volonté, foit par l'action des acides, foit par l'action vitrifiante du plomb, à laquelle ils réfiftent exclufivement, foit par celle d'un feu violent & long-temps continué, qui les détruit toutes, fans caufer à ces deux métaux la moindre altération.

A ces caractères, qui mettent l'or & l'argent au-deffus de tous les corps connus, fi nous joignons la propriété dont ils jouiffent de n'être attaqués par aucun acide naturel, par les fels, les graiffes, & les huiles; de ne fe charger d'aucune rouille; de ne communiquer à nos alimens aucune qualité vénéneufe, aucun goût, aucune couleur, fi long-temps que nous les y laiffions féjourner; nous ne pourrons que regretter de ne pouvoir les remplacer dans nos cuifines par nulle autre fubftance métallique. Une cafferole d'argent pur ou allié d'or feroit abfolument exempté de tout danger, garantiroit des accidens fi fréquens, attachés à l'ufage du cuivre, & dont l'argent ordinaire de vaiffelle ne met pas parfaitement à l'abri, lors au moins qu'on y laiffe féjourner des fauffes chargées de graiffe; ce qui n'arrive que trop fouvent, & d'autant plus qu'on eft perfuadé qu'on ne court aucun rifque; ce qui feroit vrai fi l'argent étoit pur; mais qui ne l'eft pas dans l'efpèce.

Mais l'argent pur eft trop mou pour qu'on puiffe le travailler, & en former des vaiffeaux qui aient la roideur néceffaire pour conferver leur forme; & l'or, trop rare & trop cher, ne peut lui être allié pour cet ufage. Nous ne pouvons donc que former des vœux pour que les Chimiftes découvrent quelque alliage métallique, capable de remplacer l'argent dans les cuifines, ou qu'ils trouvent au moins quelque métal plus commun & moins cher que l'or, propre à donner à l'argent la confiſtance qui lui manque, ſans lui communiquer les qualités vénéneuſes qu'il acquiert par ſon alliage avec le cuivre. La platine paroît propre à remplir ces indications ; il feroit donc à ſouhaiter qu'elle devînt aſſez commune pour l'unir à l'argent, ſans augmenter le prix de ce métal.

Je ne crois pas avoir beſoin d'ajouter à ce que j'ai dit ſur les précautions qu'exigent la plupart des opérations que j'ai décrites dans le cours de cet Ouvrage : je me contenterai d'obſerver, que lorſqu'on ſépare l'or de l'argent par l'eau-forte, on doit apporter tous ſes ſoins à éviter de reſpirer les vapeurs de ce menſtrue ; ce qu'on fera facilement & ſûrement, en poſant le matras ſous le tuyau d'aſpiration de la forge, & ſe plaçant ſur le vent.

Si les propriétés de l'or & de l'argent placent ces métaux au premier rang des corps naturels ; ſi elles ont excité notre admiration, pouvons-nous nous défendre du même ſentiment, lorſque nous réfléchiſſons ſur tout ce qu'a fait l'induſtrie humaine, pour recon-

noître ces mêmes propriétés & en tirer parti ?
Quelle dextérité, quelle patience dans l'ouvrier d'Aufbourg, qui d'un feul grain d'or
a fu tirer un fil de cinq cents pieds ! mais
quelle affiduité au travail, quelle imagination pour la recherche des procedés, quelle
fagacité pour leur explication, dans les Chimiftes qui nous ont tranfmis les diverfes opérations fans lefquelles nous ne pourrions nous
procurer ces métaux exempts du mélange
des autres fubftances metalliques, les féparer
des fubftances minérales avec lefquelles nous
les trouvons naturellement alliés, les retrou-
ver dans les cendres & balayures des ateliers, & enfin, de quelque manière qu'ils
fe trouvent alliés ou confondus avec d'autres
matières, les faire reparoître pourvus de
toutes leurs propriétés !

J'efpère que la lecture de cet Ouvrage
fuffira pour convaincre les Orfévres & tous
ceux qui travaillent l'or & l'argent, de l'utilité de la Chimie pour les diriger dans leurs
opérations ; & je me croirai heureux, fi j'ai pu
leur en rendre la théorie fenfible : c'eft au
moins l'unique but que je me fuis propofé
dans la rédaction de ce Traité.

J'efpère encore, qu'en voyant la liaifon de la Chimie avec les Arts, fon utilité pour en éclairer les procédés, on reconnoîtra de plus en plus l'excellence de cette fcience, & qu'on ne nous demandera plus à quoi fert votre Chimie ?

FIN.

TABLE
DES MATIÈRES.

A.

V

B.

D.

P.

R.

S.

Fin de la table des matières.

APPROBATION.

J'AI lu, par ordre de Monseigneur le Garde des Sceaux, un Manuscrit intitulé les *Elémens de Chimie docimastique*, & je n'y ai rien trouvé qui puisse en empêcher l'impression. A Paris, ce 16 Mai 1786. SAGE.

PERMISSION DU ROI.

LOUIS, par la grace de Dieu, Roi de France & de Navarre : A nos amés & féaux Conseillers, les Gens tenans nos Cours de Parlement, Maîtres des Requêtes ordinaires de notre Hôtel, Grand Conseil, Prévôt de Paris, Baillis, Sénéchaux, leurs Lieutenans Civils, & autres nos Justiciers qu'il appartiendra, Salut. Notre amé le sieur Buisson, Libraire à Paris, nous a fait exposer qu'il desireroit faire imprimer & donner au Public *les Elémens de Chimie docimastique*, s'il nous plaisoit lui accorder nos Lettres de permission pour ce nécessaires. A ces causes, voulant favorablement traiter l'Exposant, Nous lui avons permis & permettons par ces Présentes, de faire imprimer ledit Ouvrage autant de fois que bon lui semblera, & de le faire vendre & débiter par-tout notre Royaume pendant le temps de cinq années consécutives, à compter du jour de la date des présentes. Faisons défenses à tous Imprimeurs, Libraires, & autres personnes, de quelque qualité & condition qu'elles soient, d'en introduire d'impression étrangère dans aucun lieu de notre obéissance ; à la charge que ces Présentes seront enregistrées tout au long sur le Registre de la Communauté des Imprimeurs & Libraires de Paris, dans trois mois de la date d'icelles ; que l'impression dudit Ouvrage sera faite dans notre Royaume, & non ailleurs, en bon papier & beaux caracteres ; que l'Impétrant se conformera en tout aux Réglemens de la Librairie, & notamment à celui du 10 Avril 1725, & à l'Arrêt de notre

Confeil du 30 Août 1777 , à peine de déchéance de la préfente Permiffion ; qu'avant de l'expofer en vente , le Manufcrit qui aura fervi de copie à l'impreffion dudit Ouvrage , fera remis dans le même état où l'Approbation y aura été donnée , ès mains de notre très-cher & féal Chevalier , Garde des Sceaux de France , le Sieur HUE DE MIROMESNIL , Commandeur de nos Ordres ; qu'il en fera enfuite remis deux exemplaires dans notre Bibliothèque publique , un dans celle de notre Château du Louvre, un dans celle de notre très-cher & féal Chevalier Chancelier de France le Sieur DE MAUPEOU , & un dans celle dudit Sieur HUE DE MIROMESNIL : le tout à peine de nullité des Préfentes , du contenu defquelles vous mandons & enjoignons de faire jouir ledit Expofant & fes ayans caufe pleinement & paifiblement , fans fouffrir qu'il leur foit fait aucun trouble ou empêchement. Voulons qu'à la copie des Préfentes , qui fera imprimée tout au long au commencement ou à la fin dudit Ouvrage, foi foit ajoutée comme à l'original. Commandons au premier notre Huiffier ou Sergent fur ce requis, de faire pour l'exécution d'icelles tous actes requis & néceffaires , fans demander autre permiffion , & nonobftant clameur de Haro , Charte Normande, & Lettres à ce contraires : CAR tel eft notre plaifir. Donné à Paris le quatorzieme jour du mois de Juin , l'an de grace mil fept cent quatre-vingtfix , & de notre Regne le treizieme. Par le Roi en fon Confeil. *Signé* L E B E G U E.

Regiftré fur le Regiftre XXII *de la Chambre Royale & Syndicale des Libraires & Imprimeurs de Paris , n°. 715 , fol. 571 , conformément aux difpofitions énoncées dans la préfente Permiffion , & à la charge de remettre à ladite Chambre les neuf exemplaires prefcrits par l'arrêt du 16 Avril 1785. A Paris le 16 Juin 1786.*

V A L L E Y R E , Adjoint.